U0324185

国家自然科学基金面上项目(52274077)
国家自然科学基金青年科学基金项目(51804099)
河南省自然科学基金项目(242300421072)
河南理工大学杰出青年科学基金项目(J2023-3)
河南理工大学青年骨干教师资助计划(2023XQG-09)

采动波扰邻空煤巷
稳定原理与控制技术

神文龙　南　华　著

中国矿业大学出版社

·徐州·

内 容 简 介

本书阐述了邻空煤巷的变形行为、受力特征、稳定原理及控制技术。主要内容包括煤岩材料变形本质力学行为、煤岩结构面承载损伤行为特征、煤岩结构面扰动应力波透射规律、采动煤岩动静应力场时空演化规律、动静载叠加作用邻空煤巷变形破坏特征、采动邻空煤巷稳定控制及其工程示范等。本书可供采矿工程、土木工程以及岩土工程专业的科研、工程技术人员参考。

图书在版编目(CIP)数据

采动波扰邻空煤巷稳定原理与控制技术 / 神文龙，
南华著.— 徐州 : 中国矿业大学出版社，2024.4
　　ISBN 978 - 7 - 5646 - 6213 - 4

　　Ⅰ. ①采… 　Ⅱ. ①神… ②南… 　Ⅲ. ①煤巷－巷道围
岩－围岩稳定性－研究 　Ⅳ. ①TD325

中国国家版本馆 CIP 数据核字(2024)第 073073 号

书　　名	**采动波扰邻空煤巷稳定原理与控制技术**
著　　者	神文龙　南　华
责任编辑	章　毅
出版发行	中国矿业大学出版社有限责任公司
	（江苏省徐州市解放南路　邮编221008）
营销热线	（0516)83885370　83884103
出版服务	（0516)83995789　83884920
网　　址	http://www.cumtp.com　**E-mail**：cumtpvip@cumtp.com
印　　刷	江苏淮阴新华印务有限公司
开　　本	787 mm×1092 mm　1/16　**印张** 16.75　**字数** 324 千字
版次印次	2024 年 4 月第 1 版　2024 年 4 月第 1 次印刷
定　　价	68.00 元

（图书出现印装质量问题,本社负责调换）

前　言

　　低碳新能源开采是世界能源战略转型兼顾环境友好发展的新方向,涉及天然气、页岩气、煤层气、可燃冰、地热等资源。作为能源和工业原料,煤炭也正由粗放、污染、低效利用向精细、环保、高效利用转变。随着开采强度(深度)的增加以及开采技术(方法)的进步,决定邻空煤巷围岩承载能力的应力场、位移场、裂隙场以及渗流场将发生显著变化,因此,预测不断受扰变化的围岩承载能力是解决煤矿重大灾害防控、保障煤炭绿色智能开采、提升国家能源安全的关键。

　　煤岩结构的强度和刚度不足时,邻空煤巷围岩将从一种力学平衡状态演化为另一种力学平衡状态,演化的本质是应力变化诱导煤岩结构微观材料损伤、改变煤岩结构宏观承载能力的过程,随着静载应力的增加,邻空煤巷受同样动载波扰诱发的承载能力弱化逐渐凸显,破碎区、破裂区、塑性区逐渐向围岩深部的弹性区转移,动态大变形成为该类巷道围岩矿山压力显现的主要特征,已有的矿山压力与岩层控制理论很难解决此类问题。

　　本书以课题组承担的多项企业委托横向项目为背景,紧紧围绕采动邻空煤巷围岩稳定控制科学问题,采用理论分析、力学解析、物理模拟、数值计算、原位监测、现场试验等研究方法,按照材料承载行为→界面承载损伤→应力分布规律→巷道变形规律→巷道破坏机理→巷道稳控技术→工程示范的研究思路,取得如下成果:① 确定了煤岩材料压缩、拉伸及剪切破裂变形的数值试验方法;② 提出了煤岩结构面物理相似模型重构方法,揭示了煤岩结构面受冲龟裂破坏、粉碎破坏、滑移破坏的抗剪强度损伤演化规律;③ 获得了应力波透射煤岩结构面的测试方法、数值分析法和理论分析法;④ 获得了采动煤岩动静载时空演化规律;⑤ 揭示了采动波扰邻空煤巷动态变形机制,示范了邻空煤巷分区承载分级卸压、分类承载分区改性以及分级变形分区支护技术体系，应用效果显著。

本书共 6 章，第 1 章介绍了本书的研究背景、意义和国内外研究现状等内容；第 2 章介绍了煤岩材料承载变形本质力学行为；第 3 章介绍了煤岩结构面承载损伤的行为特征；第 4 章介绍了煤岩结构面扰动应力波透射规律；第 5 章介绍了采动波扰邻空煤巷变形控制机理；第 6 章介绍了采动邻空煤巷围岩控制工程试验；第 7 章对本书所做的工作进行了总结。

本书在编写过程中参考了许多国内外文献资料，也得到了徐矿集团和晋能控股集团等单位工程技术人员的大力支持。本书的出版得到了国家自然科学基金面上项目（52274077）、国家自然科学基金青年科学基金项目（51804099）、河南省自然科学基金项目（242300421072）、河南理工大学杰出青年科学基金项目（J2023-3）、河南理工大学青年骨干教师资助计划（2023XQG-09）的支持，在此一并致谢。此外，在本书编写过程中，陈淼在文字录入和图表绘制方面做了大量工作，在此表示感谢。

由于作者水平有限，书中难免存在不妥之处，恳请读者批评指正。

神文龙

2023 年 10 月

目 录

1 绪 论

1.1 研究背景及意义

低碳新能源开采是世界能源战略转型兼顾环境友好发展的新方向,涉及天然气、页岩气、煤层气、可燃冰、地热等资源[1],受制于资源赋存状态、现有技术水平和能源消费结构,低碳新能源的开采仍处于技术攻关和工业性试验的初期阶段,无法满足人们日常生产生活的需求。作为能源和工业原料,煤炭正由粗放、污染、低效利用向精细、环保、高效利用转变,清洁高效和分质分级利用技术的发展给煤炭资源的应用带来了新机遇[2]。随着开采强度(深度)的增加以及开采技术(方法)的进步,决定开挖空间围岩承载能力的应力场、位移场、裂隙场以及渗流场将发生显著变化,因此,预测不断受扰变化的邻空煤巷围岩承载能力是进行煤矿重大灾害防控、保障煤炭绿色智能开采、提升国家能源安全的关键,尤其对于邻空煤巷快速掘进开挖卸荷诱发的围岩承载弱化问题,其特征参数(弹性区、塑性区、破裂区)的量化表征是该类邻空煤巷快速掘进的前提和基础。

采动覆岩运动会产生侧向支承应力、超前支承应力及动载应力,使局部煤岩层处于动静载叠加承载震动状态[3],该震动以应力波的形式向周围煤岩体辐射,衰减后作用于邻空煤巷围岩,应力平衡遭受动载波扰,邻空煤巷从静力加卸载诱发的累积应变状态过渡到瞬时高应变率状态,随着静载应力的增加,该邻空煤巷受同样动载波扰产生的动力灾害逐渐凸显,承载弱化特征参数重新分布,局部发生动态破裂,诱发不同等级、不同类别的矿山压力显现[4]。典型的结果为迫使邻空煤巷承受高动静载叠加作用,出现动态劈裂、离层冒顶、冲击地压等工程动力灾害。这类动力灾害是危害人员生命、损坏机电设备以及制约安全生产的主要影响因素。因此,揭示动载波扰邻空煤巷动态变形机理是指导工作面回采邻空煤巷围岩稳定控制、解决该类岩体工程动力灾害的有效途径之一。

邻空煤巷围岩将经历煤巷快速掘进卸荷扰动和工作面高效回采动载波扰两个阶段,主要服务于双巷掘进、沿空掘巷、迎采掘巷、沿空留巷等工作面回采巷道[5]。其稳定性不仅受制于动力荷载的扰动作用,还面临其动态变形与支护体抵抗动态变形的耦合作用,而广泛应用的锚杆支护对该类动态变形控制停留在传统的离层限制及位移限制,忽略了邻空煤巷围岩分层动态破裂诱发的局部层裂垮冒作用,确定的锚杆支护参数也还处于工程试验阶段,很难定量表征具体工程地质条件下邻空煤巷围岩的锚杆支护参数,往往造成"盲目尝试、边掘边修、出力不出工"的窘境,影响煤巷快速掘进,造成现代化高产高效矿井采掘接替紧张的局面。因此,确定采动波扰邻空煤巷动态变形控制机理是表征该类巷道围岩锚杆支护参数、评价该类工程是否安全稳定的基础,具有良好的工程实践意义。

1.2 国内外研究现状

1.2.1 采动邻空煤巷附加应力形成机理

采动邻空煤巷围岩附加应力的主要来源是采场覆岩承载结构的运动[6]。上覆岩层的承载结构决定了巷道围岩所承载的动载强度,从而影响邻空煤巷围岩的稳定性。国内外学者提出了很多理论和假说,其中较成熟的理论代表主要有"悬臂梁"假说、"压力拱"假说、"铰接岩块"假说、"砌体梁"理论、"传递岩梁"理论和"关键层"理论等[7]。这些假说和理论在一定的历史时期内对现场起到了重要的指导作用,又在实践中不断得到修正、优化和改进并逐步发展至今,在越来越多的生产实践中不断得到验证、优化和完善。"悬臂梁"假说将采空区顶板看作悬臂梁结构,其一端固定在岩体中,另一端处于自由状态,当悬臂梁长度达到一定程度时,顶板便会发生断裂,从而引起周期来压[8]。"压力拱"假说认为,工作面开采后会在工作面上覆岩层形成一个拱形结构,两个支撑点分别是工作面一侧煤体和采空区内垮落的矸石[9]。"铰接岩块"假说认为,工作面开采后上覆岩层会形成垮落带和移动带两部分,移动带岩块之间属于铰接结构[10]。"砌体梁"理论给出了采场上覆坚硬岩层周期断裂诱发的力学扰动及结构形态[11]。"传递岩梁"理论给出了岩层移动和采动支承压力的关系,认为支承压力具有内外应力场[12]。"关键层"理论认为坚硬顶板会由弹性地基梁(板)转变为砌体梁,转变的过程即为采动支承应力演化的过程[13]。

采动覆岩运动对邻空煤巷围岩的支承应力作用多集中于邻空煤巷围岩对破断稳定承载结构的支撑作用[14-22],采空区覆岩未垮落岩层的部分重量会经断裂后稳定的承载结构向下方传递。分离岩块力学模型会考虑直接顶岩层的重量,但忽略了顶板岩层的稳定性和其自身的承载能力,适用于求解基本顶和直接顶较为坚硬、完整的薄煤层和中厚煤层邻空煤巷围岩支承压力。顶板倾斜力学模型考虑了直接顶和基本顶的共同作用,通过调节顶板倾斜度来计算邻空煤巷围岩支护阻力,该模型计算围岩支承压力大小取决于上方顶板倾斜角度和出现倾斜的位置,适用于求解采高较大且直接顶垮落后能充满采空区的邻空煤巷围岩支承压力。矩形叠加层板弯矩破坏力学模型将邻空煤巷上方顶板简化为矩形叠加层板,认为层与层之间的结合力可以忽略不计,且邻空煤巷围岩支承压力只与短支撑边界荷载有关,通过条带荷载法、块体力学平衡法和塑性极限分析法来确定邻空煤巷围岩支承压力计算公式。煤体极限平衡梁力学模型考虑了实煤体帮对基本顶的控制作用,根据极限平衡梁理论来确定邻空煤巷围岩支承压力计算公式,适用于求解采高 $2 \sim 3$ m 的邻空煤巷围岩支承压力。弹性薄板力学模型依据 Winkler 弹性地基梁理论,将邻空煤巷上方顶板看作弹性薄板条,建立顶板力学模型并确定邻空煤巷围岩支承压力计算公式。以矩形叠加层板弯矩破坏力学模型为基础可得出邻空煤巷围岩支承压力计算公式、煤层顶板荷载重新分布的集硬效应及支护受力的硬支多载规律。顶板运动力学模型推演了顶板的挠曲运动方程,提出了计算邻空煤巷围岩支承压力的新方法。弧形三角板理论分析了邻空煤巷覆岩承载结构特征,推演了邻空煤巷围岩支承压力计算公式。

采动覆岩运动对邻空煤巷的动载应力波振作用多集中于坚硬岩层断裂能量释放的扰动作用和破断岩块垮落的冲击作用[23],"地震矩张量理论""位错理论""应力波理论"以及"弹性变形能法"是用于定量分析地震震源的有效方法,逐渐被引入采动岩体断裂的振源求解当中[24]。原位电磁辐射、微震信号以及矿压数据反演也被广泛用于求解分析采动岩体断裂产生动载振源的位置与强度参数,并逐渐被采矿科技人员接受[25-27],但这些方法并不能精准预测采动岩体断裂动载的振源特征参数,仅能在振动量级上给予预估数值,无法预判断裂过程中振动的矢量性、时域性和波扰性,被一些学者证实微震信号反演振源位置误差可达 10 m 以上[28-29]。窦林名等[30]认为覆岩运动过程会引起局部覆岩结构产生弹性变形储存能量并产生应力集中现象,覆岩破断诱使弹性变形能以脉冲的形式向附近围岩传播应力波,应力波将对传播介质产生应力扰动而形成动载,进而推导了三维应力状态下弹性应力波在煤岩介质中产生的动载表达式。李振雷[31]考虑覆岩破断结构的触矸特点,借助梁模型的挠度解析公式,推导了梁破断前储存的弹性变形能,给出了不同能量等级所产生的动载应力强度,提供了一种获得覆岩破断动载强度的方法。于洋[7]将材料力学中物体受冲击时的动荷载作为覆岩失稳垮落产生的动载源动荷载,推演了该动荷载的理论表达式。杨靖轩等[32]将上述动载表达式进行简单变形,用顶板垮断失稳的瞬时冲击动能代替冲击势能,将该模型推广应用于计算破断瞬间动能引起的动力荷载。曹安业等[33]认为动载来自覆岩破断瞬间,将顶板开裂瞬间释放变形能的过程等效为一对水平方向的对称张力,将该问题转化为一对集中力激发的介质弹性波动方程求解问题。

李新元等[34]建立了弹性基础梁结构力学模型,结合弹性梁,推导了弹性基础梁破断前储存的能量分布解析解,分析了能量分布于工作面位置的关系,探讨了顶板断裂前后的能量变化规律。

采动承载岩体运动产生动力荷载,动力荷载以应力波的形式向周围煤岩体传播,作用于邻空煤巷。目前,"等效介质法""散射理论"和"位移不连续法"是用于定量研究动载应力波在结构面中传播衰减的有效方法[35],位移不连续法于1973年在国际岩石力学会议上首先由美国学者 S.L.Crouch 提出,其在1976年发表了 DDM(displacement discontinuity method)的奠基性论文[36],被广泛应用于研究大尺寸结构面内动载应力波的传播问题[37]。为了解决结构面内的多重反射与透射的叠加问题,国内外学者提出了基于位移不连续法的"特征线方法""传播矩阵方法"和"散射矩阵方法"[38-40],为研究动载应力波穿越结构面的传播衰减规律提供了理论基础。借助已有的理论模型,并基于结构面非线性变形特征,王观石等[41]对结构面的法向刚度进行了修正,获得了非线性变形结构面法向割线刚度和切线刚度的理论解,发现动载应力波的透射系数与结构面的初始刚度呈正相关关系。由于应力波传播和岩体内节理分布的复杂性,试验研究可作为一种有效手段,常用的试验系统为分离式霍普金森压杆(SHPB)测试系统[42],随着科技的进步,三维冲击实验系统孕育而生,为应力波在三向承载应力状态下的传播试验提供了可能[43]。数值模拟方法是一种预测应力波透射煤岩非连续界面的有效手段,有限差分法、有限单元法、离散元法、耦合方法、非连续变形法等应用较为广泛[44-46]。应力波在节理岩体中传播时,由于传播的是应力和应变,通常动态加载率高于静态或准静态加载率几个数量级,选择合理的节理法向应力-闭合量本构模型是研究的前提,将静态或准静态条件下得到的节理闭合量本构模型在一定的条件下推广至动态加载是较常用的研究思路,其中应用最广的当属双曲线模型,也称 Barton-Bandis 模型(以下简称 BB 模型)[47-49]。

1.2.2 采动煤岩非连续界面的行为特征

煤岩结构面可以被假想成两种不同材料之间的不连续界面,研究煤、岩结构面性质必须明确岩石、煤以及二者之间裂缝的相关性质。梁正召等[50]采用 Re-pa2D 数值模拟软件,用两种不同的岩石组成不同岩层倾角的试件,通过单轴加载数值模拟试验得出了岩层与最大主应力之间的倾角和强度之间的关系。苏志敏等[51]通过研究页岩的层状界面倾角和围压对其强度的影响,对各种现存强度理论与试验值进行比较,提出了试验简单、数量少的强度准则模式。杨强等[52-53]引入一个二阶损伤张量,并建立了节理岩石各向异性屈服准则。师林等[54]通过对岩体节理岩进行研究,对岩体沿着节理面滑动破裂提出了相应的破坏准则。贺少辉等[55]证明了岩层厚度不等或相等、层面力学性质相同或不同的层状岩体弹塑性本构关系是合理的。

李海波等[56-57]对素混凝土节理试样进行剪切试验,研究了法向应力与节理破坏模式、刚度特征之间的关系,得出了结论:岩石节理面的峰值剪切强度随着起伏角度的增大而增大,岩石节理面的峰值剪切强度随着法向应力的增大而增大。沈明荣等[58]选取 Burgers 模型作为反映岩石蠕变特性研究的重点,对规则齿形界面剪切变形特性进行深入研究,通过数值分析计算出模型参数,得到了规则齿形界面蠕变的基本规律。王光纶等[59]建立基于加载为双曲线函数、卸载为线性函数的三维本构模型、以切向塑性功为主要参数的峰值摩擦角及剪胀角的磨损方程和以初始剪胀角及残余剪胀角为主要参数的剪胀方程。

史越等[60]通过研究不同层理倾角炭质千枚岩的单轴压缩试验,发现层理倾角从 0°～90°变化的过程中,强度、峰值应变和泊松比先减小后增大,并依次产生张剪复合破坏、剪切滑移破坏和劈裂张拉破坏。李树忱等[61]对预制贯穿节理类岩石试件进行单轴压缩试验,发现峰值强度、峰后残余强度和破坏阶段的泊松比随着节理倾角的增大而减小:节理倾角为 15°时,试件为劈裂破坏;节理倾角为 30°、40°时,试件处于劈裂和剪切的混合模式;节理倾角为 50°、60°时,试件为剪切破坏。贾云中等[62]对页岩裂缝剪切强度和稳定性进行研究,发现裂缝面的摩擦强度与网状硅酸盐含量成正比,与层状硅酸盐含量成反比;页岩裂缝剪切滑移稳定性参数与层状硅酸盐含量成正比,与网状硅酸盐含量成反比。

Y.M.Tien 等[63-64]人为地加工了不同倾角的层状岩体,研究了横观各向同性体倾角对岩石弹性模量和整体强度的影响,并针对岩石破坏的不同模式提出了横观各向同性条件下的破坏准则。E.B.E.T.Hoek 等[65-66]建立了 Hoek-Brown 经验强度准则,该准则利用 J.Bray 的公式修正界面的抗剪强度参数,解释了界面的影响。有学者通过对节理试样的循环剪切,提出了节理互锁摩擦模型描述节理剪切应力和剪切位移关系[67-68]。S.Biggs 等[69]通过对复制的节理试样进行循环剪切试验,结果表明,剪切刚度随着法向应力的增加而增加;法向刚度随着法向闭合量的增加而增加。F.Homand 等[70]基于节理的循环剪切试验提出用节理剪切前后的节理表面面积变化来衡量节理的磨损程度,并对人工节理进行循环剪切试验,分析剪切速率、循环剪切次数以及法向应力对节理表面力学性质的影响。

试验是研究煤、岩结构面力学特性的重要手段,煤和岩石都是各向异性的非均质材料,单纯对煤岩结构面的力学特性进行理论分析是远远不够的,还需对其进行试验研究。刘保县等[71]通过单轴压缩及声发射试验推导出单轴压缩煤岩损伤演化过程,以及煤岩组合体试样由变形至损伤的萌生和演化,然后出现宏观裂纹,再由裂纹扩展到破坏的过程。刘晓辉等[72]对煤岩组合体试样进行了不同应变率下的冲击压缩试验研究得出,在低应变率下多呈轴向劈裂破坏,高应变率下呈现出压碎破坏;冲击过程中能量随着应变率的增大而增大。解北京等[73]利用大直径SHPB实验装置,开展层理原煤试样和砂岩试样冲击破坏动态力学特征对比实验,得出煤体层理使超声波垂直穿过时产生层理效应导致波速严重衰减的结论。刘少虹等[74]对一维动静加载下组合煤岩组合体试样进行不同应力波能量冲击试验,得出结论:动态强度随应力波能量的增大而增大,随静载的增大而先增大后减小;煤岩体结构特性增强了煤层对动静荷载的抵抗能力。

潘俊锋等[75]研究了不同冲击倾向度、不同动静载组合作用下煤样动力破坏特性,得出结论:强冲击、弱冲击和无冲击倾向性煤样声发射事件分别在煤样的中轴线位置发生劈裂破坏、在煤样内部发生劈裂和局部剪切破坏、在煤样中部发生整体性破坏。张嘉凡等[76]通过应力加载系统和SHPB装置,分别对煤岩组合体试样进行准静态单轴压缩和冲击压缩试验,研究了试样在静载和动载作用下的变形破坏特征以及煤岩弹性模量、动态抗压强度及峰值应变随冲击荷载的变化规律。李成杰等[77-78]基于不同组合形式的组合体试样进行静、动态力学试验,得出结论:同种裂隙位置及倾角下,试样强度随应变率的增大而增大,且倾角90°试样强度大于30°和60°;裂隙位于煤体或节理面处时,试样破碎耗能占比与破碎耗能密度偏小,位于岩体中时偏大。

杨科等[79]等通过对岩煤岩(RCR)组合体强度和煤岩泊松比差异性进行分析,发现在层间黏聚力作用下相邻煤岩体不发生相对位移;煤岩交界面处存在径向力的作用,且径向力沿径向指向交界面中心。刘超等[80]研究了单裂隙煤岩体结构面角度效应的强度、变形特性和破坏形式,得出结构面长度一定时试样的抗压强度随着结构面角度的增大而不断减小的结论。苗磊刚[81]对动载作用下煤岩组合体损伤特性进行了研究,发现试样在初始受压时应力-应变曲线直线上升到峰值应力的50%后,曲线斜率逐渐降低,试件的破裂程度逐渐发展;随着应变率的增加,试件组合体到达应变均匀的时间缩短,裂纹演化和扩展的速度加快。

赵宏林等[82]利用离散元数值模拟(PFC)程序建立了岩-煤数值模型,并对煤岩交界面不同倾角进行了破坏模式和冲击倾向性影响研究,发现组合体宏观破坏裂纹呈"V"形,主要集中于煤体部分,且组合体的冲击能量指数随着倾角的增大逐渐减小。郭东明等[83]分析了煤岩组合体中煤、岩不同倾角交界面对煤岩组合体整体变形破坏的影响,发现单轴荷载条件下煤岩组合体的破坏强度随倾角的增加先缓慢减小,再迅速减小;煤岩组合体的倾角越小,破坏强度升高得越慢;45°~50°倾角是煤岩界面剪切变形破坏转化为滑移破坏的标志。李宏艳等[84]研究了煤岩细观初始损伤特征和初始损伤对煤岩微裂隙细观演化的影响,得到了含微裂隙煤岩体各向异性损伤演化方程,在煤岩结构信息统计特征的基础上重建了三维煤岩细观结构。

煤岩结构面本构模型是研究应力波传播衰减的关键。姚锡伟等[85]建立了强度特性均采用带拉伸截断的摩尔-库伦强度准则本构模型,该本构模型适用于软弱结构面和岩石基质体。在用快速拉格朗日分析(FLAC^{3D})软件对模型进行验证之后,发现本构模型可以较好地表征岩石强度、形变与破坏模式的各向异性特征。解北京等[86]对不同组合比煤岩样进行了冲击加载实验,构建了7参数组合煤岩层状本构模型,得出不同组合比煤岩的应力-应变曲线前期均呈现出明显的非线性;组合煤岩动态冲击屈服强度随应变率的增大而增大,随煤占比的增大而减小。欧雪峰等[87]对层理面不同倾角临界破坏状态力学特征进行了研究,建立了考虑宏观层理影响的层状岩体动态损伤本构模型,结果发现,除$\theta = 0°$为穿越层理面的劈裂破坏外,其余层理倾角的破坏模式主要为偏向层理面方向的剪切破坏、沿层理面的滑移破坏和沿层理面的劈裂破坏。

H.S.Lee 等[88]对花岗岩和大理石试样进行循环剪切试验,对节理峰值剪切强度、非线性膨胀、反向加载过程中的不同摩阻力等问题进行了研究,提出了考虑"二阶粗糙度"的弹塑性本构模型。姜玉龙等[89]利用真三轴压裂渗流模拟装置,研究了不同应力条件下煤岩组合体跨界面水力裂缝起裂、扩展规律,建立了考虑交汇角度、界面摩擦等因素作用的水力裂缝跨界面扩展模型。程海根等[90]基于差分法原理,在钢板—混凝土界面黏结滑移本构关系中,黏结界面上剪应力及对应的应变的本构模型。李育[91]通过对岩石施加压缩荷载使裂缝闭合,发现轴向压缩荷载使裂缝表面上产生相对滑动的剪应力和摩擦阻力,得到了轴向荷载与裂缝面上受到剪应力、正应力和有效动力的本构关系。杜峰[92]结合含瓦斯煤岩组合体中煤岩接触面处的受力状态、变形连续条件、静力学平衡条件,得出了含瓦斯煤岩组合体三向应力下的应力应变关系,进而得到含瓦斯煤岩组合体中岩体与煤体部分在两个水平方向上的本构关系。

1.2.3　采动波扰邻空煤巷变形破坏机理

采动波扰邻空煤巷围岩,使其遭受动静载叠加作用,围岩内的裂缝赋存于固体材料内部的不连续结构,分为原生裂缝、次生裂缝和人工裂缝,在外荷载作用下,裂缝出现张开、闭合、滑移、扩展等力学行为,影响工程岩体的稳定性、裂缝的贯通性、油气储藏及开采的难易程度等[93]。其中,对裂缝扩展的研究取得了经典的"Griffith 判据""能量释放率""应力强度因子准则""最大主应力判据""最大张应力判据"等成果[94];对裂缝滑移的探讨,出现了经典的"Mohr-Coulomb 准则""Tresca强度准则""Mises 准则""Drucker-Prager 准则""Hoek-Brown 准则""黏聚力弱化-摩擦力强化模型"等成果[95];裂缝张闭程度主要取决于岩石强度、闭合压力、充填物属性、裂缝形态等,出现了经验模型、数值模型、理论模型,例如"Goodman 双曲线模型""Kulhaway 双曲线模型""幂函数模型""统一指数模型""钉床模型""洞穴模型"等[96],强调裂缝的宏观张闭变形分为微凸体变形、基体变形、微凸体相互作用三个方面,对探究固定应力状态下裂缝闭合特征起到了关键作用。当应力状态发生变化时,裂缝的力学行为也会随之发生改变,可能由剪切滑移变形为主转变为张闭变形为主[97-99],一些学者开展了含裂缝砂岩的大尺度三轴加载试验,探究了主应力方向对裂缝扩展的影响规律,发现裂缝临界闭合压力与临界开启压力不同,与裂缝面的倾角呈对数负相关关系[100]。一些学者采用理论分析的方法,建立了裂缝张开度与裂缝倾角的关系模型,发现当裂缝垂直于最小主应力方向时,裂缝张开度最大;当裂缝平行于最小主应力方向时,裂缝张开度最小[101]。还有一些学者重点研究了三维应力状态下裂缝扩展的基本规律,发现裂缝前沿呈椭圆形扩展,扩展方向平行于最大主应力方向,当围压主应力差较大时,裂缝表面较为平整,围压主应力差越小,破裂水压越大,裂缝扩展越容易改变方向[102-104]。这种裂缝扩展方向与最大主应力方向一致的结论对工程实践有很好的指导作用[105]。但是,仅考虑加载作用下裂缝的张闭和扩展规律而忽略卸载效应,获得的规律很难应用于采动工程岩体,因为该类岩体的主应力大小和方向是时间和空间的函数,需要同时考虑方向性、加载效应、卸载效应等因素。

多数学者采用数值计算的方法研究分析动力荷载对巷道围岩稳定性的影响规律。唐礼忠等[106]采用通用有限元分析软件(ABAQUS)研究了动力扰动下含软弱夹层巷道围岩稳定性,发现软弱夹层倾角的增大可显著降低围岩动力响应强度。张晓春等[107]采用通用结构分析非线性有限元程序(LS-DYNA)模拟计算了应力波强度、巷道埋深、煤层岩性等对巷道围岩层裂结构形成过程的影响规律,发现围岩层裂结构的形成存在一个极限埋深和应力波强度。秦昊等[108]采用三维离散单元法程序(3DEC)证明应力波扰动导致巷道轮廓面附近出现的裂隙延伸及贯通形成宏观裂纹是引起层状岩体破断垮落的原因。刘书贤等[109]采用大型通用有限元分析软件(ANSYS)结合 LS-DYNA 的方法,发现地震波在模型底板水平方向入射时,拱帮和墙角出现周期性集中应力,这是巷道控制的薄弱部位。左宇军等[110]采用自行开发的岩石破裂过程分析方法(RFPA^{2D})数值模拟软件,发现小尺寸结构面可减弱巷道壁的层裂破坏,大尺寸连续面可有效抑制巷道层裂破坏。卢爱红等[111]采用 ANSYS 结合 LS-DYNA 的方法,研究了应力波强度对巷道围岩能量积聚程度的影响,发现应力波强度越大,积聚能量密度越大,位置越靠近巷帮边界。高富强等[112]采用 FLAC 数值计算软件,发现动力扰动可显著提高顶底板水平应力,巷道顶板下沉量及围岩塑性破坏区范围显著增大。陈春春等[113]采用 ANSYS 数值分析软件,研究了动力扰动下深部巷道围岩分区破裂机制,发现在一定条件下,深部巷道受动力扰动发生破裂区与非破裂区交替出现分区破裂化现象,分区破裂的本质是动力扰动引起围岩拉应变达到极限拉应变。胡毅夫等[114]采用 FLAC^{3D} 数值计算软件,系统研究了原岩垂直应力、侧压力系数以及扰动峰值强度对深部巷道稳定性的影响,发现当动力扰动峰值强度大于 20 MPa 时,围岩受动力扰动产生的动力响应显著提高。李夕兵等[115]采用 PFC^{2D} 数值计算软件,研究了动力扰动下高应力巷道围岩动态响应规律,发现动力扰动下,巷道围岩应力增强、位移显著增大、破坏区范围明显增大。

刘冬桥等[116]推导了静载和动载共同作用条件下圆形巷道围岩应力解析解,并通过相似模拟结果验证了理论解的可靠性,可以通过此模型预测巷道围岩发生冲击地压的薄弱位置。陈国祥等[117]建立了圆形巷道动力扰动损伤机理,认为动力扰动引起浅部围岩承载拉应力,当拉应力足够大时,浅部围岩产生层裂破坏,应力波继续向深处扰动,形成多层层裂破坏。物理模拟方面,陶连金等[118]采用实验室振动台试验的方法研究了不同埋深的山岭隧道动力响应规律,发现埋深增加可加强隧道洞身段的加速度放大效应,同时显著提高模型整体的自振频率,振动过程中,隧道断面承受循环拉压荷载作用,拱肩和拱脚位置出现较大的附加弯矩和附加位移。蔡武[119]基于冲击力可控式冲击矿压物理相似模拟平台,研究动载应力波作用下断层活化滑移的显现、力学及声发射响应特征,试图证明动载作用下断层超低摩擦效应及其活化滑移现象的存在,并揭示动载应力波作用下断层活化滑移的力学作用机制。

1.2.4 采动波扰邻空煤巷变形控制技术

巷道布置优化围岩应力的方法被广泛用于解决采动邻空煤巷大变形控制问题。例如,在近距离下位煤层未开采时,采空区下方区域的围岩应力要小于原岩应力,而煤柱下方区域的围岩应力要大于原岩应力,所以下位煤层的巷道要与上方煤柱错开一定距离[120]。霍中刚等[121-122]确定了窄煤柱下支承应力和垂直应力分布规律、煤柱的稳定性和底板应力的传播规律,得到了下位煤巷底板垂直应力和主应力差的分布规律,确定了下位煤巷的位置。侯树宏[123]根据现场围岩变形破坏情况,发现采空区边缘会产生错动导致下方巷道变形加重,确定巷道应为内错式布置,且与采空区边缘水平错距应不小于 20 m。戴文祥等[124]通过 3DEC 模拟得到煤柱下底板应力传播规律,确定下位煤巷与上方煤柱中心距离应该为 25 m 左右。任仲久[125]通过建立力学模型,研究确定了残留煤柱下底板破坏范围,并考虑上位煤层煤柱宽度,确定回采巷道合理位置。索永录等[126]通过 FLAC^{3D} 模拟了下位煤巷在内错、重叠和外错 3 种不同布置方式下巷道塑性区、顶板垂直应力和位移情况,得出采取内错的方式更佳。

人工卸压法优化邻空煤巷围岩应力也是可行的采动邻空煤巷围岩稳定控制方式。若邻空煤巷直接顶比较坚硬,上覆岩层中存在坚硬不易垮落岩层,则需要人工干预切顶,使顶板得以垮落,降低巷道围岩应力。常用的切顶技术包括:密集钻孔弱化岩体技术、钻孔松动爆破弱化岩体技术、水压致裂弱化岩体技术、钻孔高压液体射流弱化岩体技术等[127]。每种技术有其适用条件和优越性,需要根据具体的工程地质条件选择技术上优越、经济上合理的原位岩体改造技术。密集钻孔弱化岩体技术能够确定合理的密集钻孔直径、长度、倾角及间距等岩体裂缝形成的关键参数,密集钻孔将成为岩体承载的薄弱部位,当相邻钻孔发生裂缝贯通时,断裂裂缝形成。这种原位岩体结构改造技术所需确定的参数较多,延长了方案设计周期;钻孔较多,不仅增加了能量输入、施工周期、劳动强度,而且破坏了钻孔路径上所有岩体,可控性较差。钻孔松动爆破弱化岩体技术中,钻孔直径、长度、倾角、间距以及炸药的聚能效果是岩体弱化程度的关键参数,当钻孔内的炸药爆炸时,能量沿着聚能方向释放,提前破坏聚能方向的岩体,产生预制裂缝,相邻炮孔间裂缝贯通后,形成断裂裂缝[128-130]。这种原位岩体结构改造技术无法评价预制裂缝的发育情况,相邻炮孔预制裂缝的贯通性无法预制,现有的评价往往采用孔内冒烟的粗糙评价方法,很难保证裂缝贯通整个坚硬顶板,且炸药属于管制材料,具有潜在的危险性(孔内未爆炸药),爆破产生的振动波可能造成巷内锚杆支护体的破坏,产生有毒有害气体,威胁工人生命安全。水压致裂弱化岩体技术中,钻孔长度、倾角、压力、时间、初始割缝决定了岩体预制裂缝的效果[131-133],是一种经济效益好、环保性能佳的原位岩体结构改造技术。钻孔高压液体射流弱化岩体技术中,钻孔长度、倾角、压力、时间、频率等决定了岩体预制裂缝的效果[134-136],具有压力高、无污染、容易定向的优势,应用领域较广。在钻孔内形成初始割缝,可使水压致裂与高压液体射流技术优势充分发挥,甚至实现"1+1>2"的效果。所以开展"基于采动裂缝张闭效应的钻孔割缝定向机理与智能割缝装备研发"项目研究对提升原位岩体结构改造意义重大。

巷道支护法是提升围岩自承能力的有效手段,邻空煤巷由于受到工作面采动影响较大,故其巷道变形较大,且控制难度比较大。基本支护主要有"工"字钢支架、U型钢可缩性支架等棚式支护体系和高强度锚杆、锚索支护联合体系。加强支护主要有单体液压支柱和专门的液压支架等。锚杆支护技术研究还存在以下问题[137-138]:锚杆作用机理还没有完全研究清楚,如锚杆和锚索的协同作用机理、锚杆与注浆结合的加固机理等;锚杆支护参数设计没有一套完整且可行的设计方法,目前主要以经验设计为主,还需要进行大量的整理、分析以及研究。陈上元等[139]基于沿空切顶成巷技术原理,综合运用力学分析、数值模拟和现场试验等方法对深部巷道进行研究,提出了"关键部位恒阻锚索支护＋可缩性 U 型钢柔性让位挡矸＋巷内液压支架临时支护＋实体煤帮锚索补强"的深部切顶成巷联合支护技术。王平等[140]通过现场实测和理论计算研究了矸石充填工作面地覆岩运动情况,并探讨邻空煤巷围岩承载结构及其稳定性,提出了"先固顶、再护帮、后控底"的邻空煤巷围岩控制原则,提出了"矸石墙＋钢管混凝土立柱＋'W'钢带超前支护＋注浆锚索永久支护"的邻空煤巷围岩控制技术。王凯等[141]通过现场调研、理论分析和数值模拟,阐明了软弱厚煤层综放开采邻空煤巷动压显现特征和变形机制,形成了"柔模混凝土巷旁支护＋浇筑巷旁支护基础＋锚索加固帮部"的围岩控制技术。闫志强[142]通过理论分析和数值模拟,提出了"顶板注浆长锚索加固＋实体煤帮与顶板高强高预紧力锚杆＋巷内强力单体液压支柱＋柔模混凝土墙体拉杆加固辅以单体支柱护墙"的非对称耦合控制技术。李彬等[143]通过现场调研和理论分析,研究出"常规区域高强度聚酯纤维网和短孔注水控顶＋特殊区域高分子材料注浆控顶控帮"的强化技术。

1.3　存在的科学问题

（1）邻空煤巷围岩材料的破裂变形难以精准预测,应确定煤岩材料承载变形破坏本质力学关系,使邻空煤巷围岩适应动静载叠加作用下的变速率加卸载效应,预测的变形破裂规律更加符合邻空煤巷实际变形破裂规律。

（2）动载应力波对煤岩结构面的破坏改性作用不容忽视,结构面承载状态的改变导致其力学行为发生转变,影响其对动载应力波的传播作用机制,进而影响动载应力传递至邻空煤巷围岩的效率。

（3）应力波透射煤岩机构面的材料改性效应影响应力波的传播规律,需要修正已有的煤岩结构面等非连续界面的承载变形本质力学关系,获得预测应力波透射煤岩结构面的可靠方程和模型。

（4）应依据采动波扰邻空煤巷变形破坏特征,提出稳控原理,开发稳控技术。

1.4　研究内容及方法

针对采动波扰邻空煤巷稳定控制技术难题,本书综合采用理论分析、现场调研、室内实验、数值模拟、力学解析、工程试验、原位测试等方法,开展了采动波扰邻空煤巷稳定原理与控制技术研究,具体内容如下。

（1）煤岩材料承载变形本质力学行为

确定煤岩材料基础力学实验方法,获得煤岩材料单轴压缩、单轴拉伸、单轴抗剪基础力学参数;建立煤岩材料变形和破裂数值试验模型,反演数值试验模型本质力学关系和材料参数,构建煤岩材料变形破裂数值试验方法;确定煤岩材料组成的工程岩体稳定性评价方法,为采动波扰邻空煤巷稳定控制提供材料参数。

（2）煤岩结构面承载损伤的行为特征

分析煤岩结构面赋存特征,构建煤岩结构面相似物理模型,开展煤岩结构面单轴压缩、一维冲击和直剪实验,揭示煤岩结构面的应力应变演化规律,获得煤岩结构面的强度特征和破裂机理,确定煤岩结构面冲击强度的轴压效应、角度效应,建立煤岩结构面受冲剪切强度损伤演化方程,为动载应力波透射煤岩结构面强度衰减规律研究提供基础力学参数。

（3）煤岩结构面扰动应力波透射规律

制订一维应力波透射煤岩结构面试验方案,分析应力波透射煤岩结构面的角度效应和轴压效应,建立透射系数与倾角和轴压的函数模型;开展应力波透射煤岩结构面数值试验,揭示数值模拟预测应力波透射煤岩结构面的自身缺陷,利用上述函数模型修正数值模型。结合应力波透射煤岩结构面的力学特性,建立一维应力波透射煤岩结构面的传播方程,为预测邻空煤巷围岩动载强度提供理论基础。

（4）采动波扰邻空煤巷变形控制机理

分析邻空煤巷围岩赋存特征,确定采动煤岩动静载时空演化规律,获得动静载叠加作用邻空煤巷变形特征,揭示动静载叠加作用邻空煤巷破坏机理,提出动静载叠加作用邻空煤巷稳定控制方法,开发采动波扰邻空煤巷稳定控制技术体系,开展采动邻空煤巷稳定控制工业性试验。

研究内容的技术路线如图1-1所示。

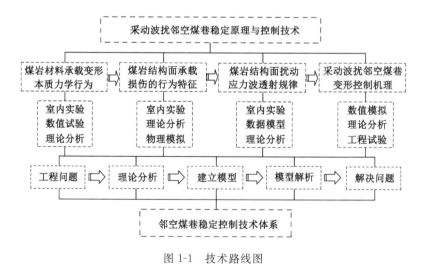

图 1-1　技术路线图

2 煤岩材料承载变形本质力学行为

2.1 煤岩材料基础力学试验方法

2.1.1 密度测定

煤岩样的密度是指试样天然状态下单位体积的质量。本次实验测定天然状态下煤岩样的密度。在试样制备过程中,不允许人为裂隙出现,采用长方体(圆柱体)作为标准试样,规格为 50 mm×50 mm×100 mm(ϕ50 mm×L100 mm),试样数量要求每组须制备 3 个。沿试样高度,边长误差不得大于 0.3 mm,试样两端面的不平行度误差不得大于 0.05 mm,端面应垂直于试样轴线,最大偏差不超过 0.25°,试样相邻两面应互相垂直,最大偏差不超过 0.25°。

主要仪器设备包括:钻石机、锯石机、磨石机、车床、测量平台、角尺、放大镜、游标卡尺、天平等。实验步骤:根据所要求的试样状态准备试样→将试样置于天平,称取试样的质量并记录,准确至 0.01 g→量取试样实际直径和高度。根据实验室测得的数据,根据公式(2-1)求取煤岩样密度,测试结果见表 2-1。

$$\rho = \frac{m}{V} \tag{2-1}$$

式中　ρ——试样的密度,g/cm³;

　　　m——试样的质量,g;

　　　V——试样的体积,cm³。

表 2-1　煤岩容重测试结果

名称	编号	尺寸/mm		体积/cm³	质量/g	密度/(g·cm⁻³)	平均密度/(g·cm⁻³)
		直径/边长	高度				
细砂岩	1	ϕ51.56	100.54	209.92	544.42	2.59	2.61
	2	ϕ51.15	102.24	210.09	539.61	2.57	
	3	ϕ50.38	101.56	202.46	541.37	2.67	

表 2-1（续）

名称	编号	尺寸/mm		体积/cm³	质量/g	密度 /(g·cm⁻³)	平均密度 /(g·cm⁻³)
		直径/边长	高度				
粉砂岩	1	ϕ50.46	100.26	200.50	506.37	2.53	
	2	ϕ51.23	101.61	209.45	512.77	2.45	2.49
	3	ϕ50.53	102.27	205.09	509.39	2.48	
煤层	1	51.27×51.74	101.34	268.83	383.30	1.43	
	2	51.68×51.94	100.18	268.91	389.65	1.45	1.45
	3	50.37×52.46	103.56	273.65	403.38	1.47	
粗砂岩	1	ϕ50.34	101.24	201.50	528.47	2.62	
	2	ϕ51.33	101.06	209.13	519.63	2.48	2.54
	3	ϕ50.87	102.17	207.65	521.35	2.51	

2.1.2 单轴压缩

当无侧限试样在纵向压力作用下出现压缩破坏时,单位面积上所承受的荷载称为试样的单轴抗压强度,即试样破坏时的最大荷载与垂直于加载方向的截面积之比。本次实验测定天然状态下煤岩样的单轴抗压强度。在试样制备过程中,不允许人为裂隙出现,采用长方体(圆柱体)作为标准试样,规格为 50 mm×50 mm×100 mm(ϕ50 mm×L100 mm),试样数量要求每组须制备 3 个。沿试样高度,边长误差不得大于 0.3 mm,试样两端面的不平行度误差不得大于0.05 mm,端面应垂直于试样轴线,最大偏差不超过 0.25°,试样相邻两面应互相垂直,最大偏差不超过 0.25°。

主要仪器设备包括钻石机、锯石机、磨石机、车床、测量平台、角尺、放大镜、游标卡尺、CMT 5305 型电子万能实验机等。实验步骤:根据所要求的试样状态准备试样→将试样置于实验机承压板中心,调整承压板,使试样两端面接触均匀→以0.5～1.0 MPa/s 的加载速度增加荷载,直到试样破坏为止,并记录最大破坏荷载及增加荷载过程中出现的现象→记录破坏荷载及增加荷载过程中的现象并对破坏后的试样进行拍照描述。根据实验室测得的数据和抗压强度计算公式(2-2)求得煤岩样单轴抗压强度,测试结果见表 2-2 和图 2-1。

$$\begin{cases} R_c = \dfrac{P_{max}}{A} \\[2mm] E = \dfrac{\sigma_2 - \sigma_1}{\varepsilon_2 - \varepsilon_1} \\[2mm] \mu = \dfrac{\varepsilon_T}{\varepsilon_P} \end{cases} \qquad (2-2)$$

式中　R_c——煤岩单轴抗压强度,MPa;

　　　P_{max}——最大破坏荷载,N;

　　　A——垂直于加载方向的试样横截面积,mm^2;

　　　E——煤岩试验的弹性模量,MPa;

　　　σ_1——应力与纵向应变直线段起始点的应力值,MPa;

　　　σ_2——应力与纵向应变直线段终点的应力值,MPa;

　　　ε_1——应力值为 σ_1 时的纵向应变值;

　　　ε_2——应力值为 σ_2 时的纵向应变值;

　　　μ——煤岩试样的泊松比;

　　　ε_T——应力值为50%抗压强度时的横向应变值;

　　　ε_P——应力值为50%抗压强度时的纵向应变值。

表 2-2　煤岩单轴抗压强度测试结果

名称	编号	尺寸/mm		破坏荷载/kN	抗压强度/MPa	平均抗压强度/MPa
		直径/边长	高度			
细砂岩	1	53.30	104.06	174.87	78.42	
	2	53.41	105.76	162.42	72.53	
	3	53.22	104.63	176.93	79.58	75.87
	4	53.27	105.92	170.11	76.37	
	5	54.08	102.79	166.38	72.47	
粉砂岩	1	53.43	102.14	101.19	45.16	
	2	53.36	105.82	95.06	42.53	
	3	53.48	108.89	112.17	49.96	43.86
	4	53.19	106.40	87.27	39.29	
	5	52.82	107.82	92.78	42.36	
煤层	1	53.43×52.19	102.14	30.33	10.88	
	2	53.36×53.31	105.82	33.03	11.61	
	3	53.48×50.92	108.89	30.47	11.19	11.02
	4	52.85×51.98	107.93	30.60	11.14	
	5	53.78×52.82	108.69	29.20	10.28	
粗砂岩	1	52.52×51.40	101.66	106.77	54.38	
	2	53.73×54.31	100.64	119.08	60.65	
	3	49.11×56.21	102.07	114.19	58.16	57.39
	4	49.81×52.21	103.07	110.61	56.36	

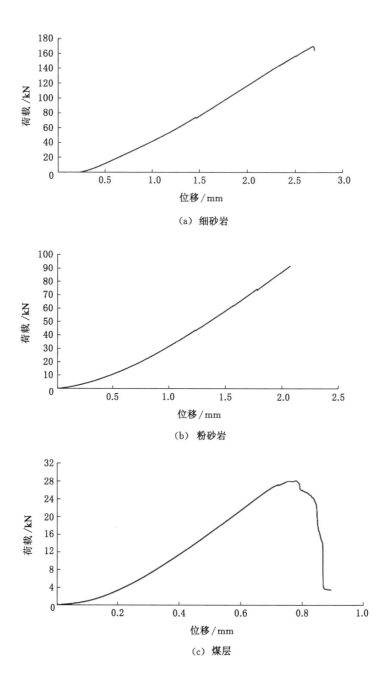

（a）细砂岩

（b）粉砂岩

（c）煤层

图 2-1 煤岩试样单轴压缩力与位移曲线

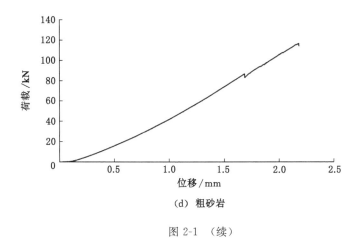

(d) 粗砂岩

图 2-1 （续）

2.1.3 单轴抗拉

煤岩抗拉强度实验是在试样边长（直径）方向上，施加一对线性荷载，使试样沿边长（直径）方向破坏，间接测定煤岩的抗拉强度。本实验采用劈裂法进行抗拉实验，属间接拉伸法。试样在纵向力作用下出现拉伸破坏时，单位面积上所承受的荷载称为试样的单轴抗拉强度。本次实验测定天然状态下煤岩样的单轴抗拉强度。在试样制备过程中，不允许人为裂隙出现，采用长方体（圆柱体）作为标准试样，规格为 $\phi 50$ mm$\times L 25$ mm，试样数量要求每组须制备 3 个。沿试样高度，边长误差不得大于 0.3 mm，试样两端面的不平行度误差不得大于 0.05 mm，端面应垂直于试样轴线，最大偏差不超过 0.25°，试样相邻两面应互相垂直，最大偏差不超过 0.25°。

主要仪器设备包括钻石机、锯石机、磨石机、车床、测量平台、角尺、放大镜、游标卡尺等。实验步骤：根据所要求的试样状态准备试样→通过试样边长的两端，沿轴线方向画两条相互平行的加载基线。将 2 根垫条沿加载基线固定在试样两端→将试样置于实验机承压板中心，调整承压板，使试样均匀受载，并使垫条与试样在同一增加荷载轴线上→以 0.3～0.5 MPa/s 的加载速度增加荷载，直到试样破坏为止，并记录最大破坏荷载及增加荷载过程中出现的现象→记录破坏荷载及增加荷载过程中的现象并对破坏后的试样进行拍照描述。根据实验室测得的数据和公式(2-3)计算得出煤岩样的单轴抗拉强度，计算结果如表 2-3 和图 2-2 所示。

$$R_t = \frac{2P_{max}}{\pi Dh} \tag{2-3}$$

式中 R_t——岩石单轴抗拉强度,MPa;

　　　D——试样直径,mm;

　　　h——试样高度,mm。

表 2-3　煤岩单轴抗拉强度测试结果

名称	试样	尺寸/mm		破坏荷载 /kN	抗拉强度 /MPa	平均抗拉 强度/MPa
		直径	高度			
细砂岩	1	51.12	25.24	10.52	5.19	5.48
	2	50.63	26.12	9.43	4.54	
	3	50.76	25.75	11.75	5.72	
	4	51.19	25.68	11.69	5.66	
	5	50.33	25.26	12.58	6.30	
粉砂岩	1	52.12	25.65	10.97	5.22	4.93
	2	50.43	26.13	8.50	4.11	
	3	51.93	25.38	10.43	5.04	
	4	51.21	24.95	10.54	5.25	
	5	50.26	25.28	10.02	5.02	
煤层	1	50.17	25.94	0.60	0.29	0.26
	2	50.31	25.64	0.42	0.21	
	3	50.73	25.23	0.54	0.27	
粗砂岩	1	51.86	25.17	12.36	6.03	5.94
	2	52.26	25.21	10.86	5.25	
	3	51.20	25.07	12.41	6.15	
	4	50.81	25.15	12.73	6.34	

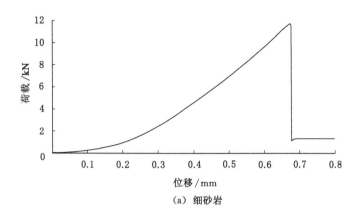

（a）细砂岩

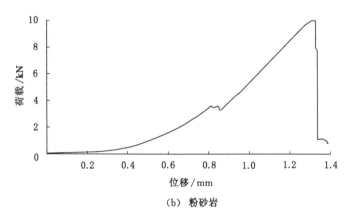

（b）粉砂岩

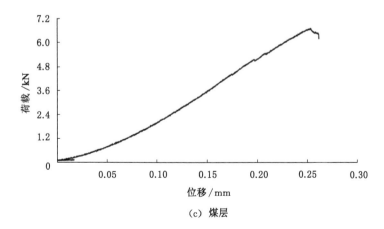

（c）煤层

图 2-2　煤岩试样单轴抗拉力与位移曲线

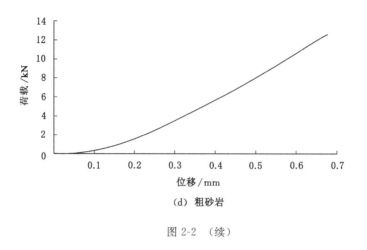

（d）粗砂岩

图 2-2 （续）

2.1.4 单轴剪切

煤岩的抗剪强度是煤岩对剪切破坏的极限抵抗能力。本实验采用快速直剪实验测定煤岩的抗剪强度。本次实验测定天然状态下煤岩样的抗剪强度。采用立方体（圆柱体）作为标准试样，规格为 50 mm×50 mm×50 mm（ϕ50 mm×L50 mm），试样数量要求每组须制备 3 个。相邻面互相垂直，偏差不超过 0.25°，相对面须平行，不平行度不得大于 0.05 mm。

主要仪器设备包括切石机，磨石机、游标卡尺、变角板剪力仪（要求在 45°～70°范围内有 4～5 个角度可供调整）以及 CMT 5305 型电子万能实验机。实验步骤：根据所要求的试样状态准备试样→将试样置于调好角度的变角板中，角度可在 45°～70°内选择，使上、下剪切板刃口对准试样的预定剪切面→选择实验机度盘，调零，以 0.5～1.0 MPa/s 的加载速度施加荷载，直至试样破坏，记录破坏荷载→记录破坏荷载及增加荷载过程中的现象并对破坏后的试样进行拍照描述。根据实验室测得的数据和抗剪强度计算公式（2-4）求取煤岩样的抗剪强度，由 Excel 软件对试验所得数据进行处理，煤岩抗剪强度、内聚力、内摩擦角结果如表 2-4 和图 2-3 所示。

$$
\begin{cases}
\sigma = \dfrac{P \times \cos \alpha}{A} \\[2mm]
\tau = \dfrac{P \times \sin \alpha}{A}
\end{cases}
\tag{2-4}
$$

式中　σ——正应力，MPa；

τ——剪应力,MPa;

P——试样破坏荷载,N;

A——试样剪切面面积,mm^2;

α——试样放置角度,(°)。

表 2-4 煤岩抗剪强度测试结果

名称	编号	尺寸/mm		剪切角度	破坏荷载/kN	最大正应力/MPa	最大剪应力/MPa
		直径/边长	高				
细砂岩	1	50.34	51.25	40°	300.06	89.10	74.76
	2	51.22	50.32	45°	186.81	51.25	51.25
	3	50.32	52.21	50°	175.07	42.83	51.05
	4	51.34	51.47	55°	141.67	30.75	43.92
	5	50.47	52.43	60°	101.52	19.18	33.23
粉砂岩	1	51.04	50.25	40°	172.36	51.48	43.20
	2	52.22	50.32	45°	135.84	36.55	36.55
	3	49.32	51.26	50°	150.12	38.17	45.49
	4	51.32	50.46	55°	153.44	33.99	48.54
	5	52.47	52.21	60°	50.32	9.18	15.91
煤层	1	50.12×51.04	50.25	40°	6.45	5.79	4.86
	2	51.21×52.22	50.32	45°	3.10	2.49	2.49
	3	50.33×49.32	51.26	50°	4.08	3.12	3.72
	4	52.31×49.13	52.22	55°	1.66	1.11	1.59
	5	50.32×51.45	52.24	60°	3.63	2.04	3.51
粗砂岩	1	50.12×51.04	50.25	35	40.64	11.41	12.83
	2	52.43×51.98	53.67	45	68.46	18.25	17.84
	3	53.64×52.24	50.18	55	68.81	14.87	19.62
	4	48.98×50.65	52.37	65	98.56	16.24	23.67

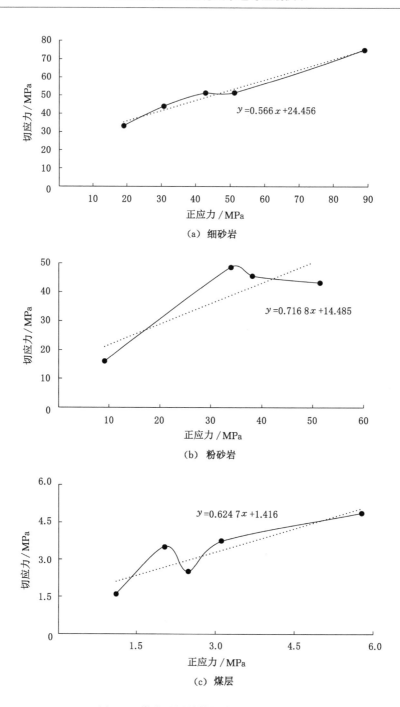

图 2-3 煤岩试样单轴切应力与正应力曲线

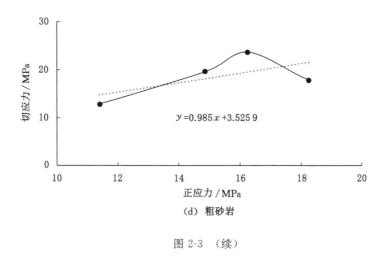

（d）粗砂岩

图 2-3 （续）

2.2 煤岩材料变形数值试验方法

2.2.1 有限差分数值模拟方法

2.2.1.1 FLAC[3D]模拟煤岩变形行为

FLAC(Fast Lagrangian Analysis of Continua)是由美国的 ITASCA 公司开发的仿真计算软件[144]，主要基于连续介质快速拉格朗日分析有限差分数值计算程序进行运算。建立计算模型时可以利用 FLAC 网格形状库提供的 12 种基础网格形状进行初步建模，此外还可以根据个人使用需求利用 FLAC 内嵌 FISH 语言进行编程及定义新函数，具有较广的应用范围，常应用于边坡稳定性评价、隧道工程、矿山工程、地下洞室(开挖、支护)设计等领域，还涉及河谷演化进程再现、拱坝稳定分析及研发新型构件受力分析等相关领域。

目前，FLAC 计算程序主要有二维(2D)和三维(3D)这两个版本，且两个版本均包含 11 种相同的材料本构模型，具体为 1 种空壳模型、3 种弹性模型和 7 种塑性模型，在建模过程中可以针对不同的单位定义为不同材料模型，使研究内容更加真实和丰富；此外，两个版本还包含 5 种计算模式(静力、动力、蠕变、渗流以及温度模式)，多种边界条件(速度、应力和位移边界等)，本构模型、计算模式和边界条件的多重交叉使用可以使研究目标更加灵活、研究内容更加丰富、研究结果更加趋于真实化。

另外，FLAC 软件具有强大的前后处理功能，例如使用 ANSYS 对 FLAC 模型进行前处理,可以根据研究内容需要对特殊复杂的模型进行网格划分,降低 FLAC 软件中网格划分难度。此外,与 FLAC 对接的后处理软件具有灵活的操作性,可根据研究需要进行不同视角、不同形式的数据分析,例如与 TECPLOT 结合使用,用户可对计算结果进行切片、旋转、放大缩小及任意调取模型内部某点数值,轻松方便地实现数据处理和分析,具有较强的灵活性。

2.2.1.2 煤岩材料常用本质力学关系

(1)摩尔-库仑本构模型

摩尔-库仑本构模型是一种经典的材料本构模型,用于描述煤岩材料和颗粒介质的力学行为。该模型基于摩尔-库仑准则,将材料的强度特性与正应力和剪应力之间的关系联系起来。摩尔-库仑准则描述了材料的剪切强度与正应力和剪应力之间的关系,经典的二维线性摩尔-库仑准则见式(2-5):

$$\tau = c + \sigma \tan \varphi \tag{2-5}$$

式中　τ——剪应力;

　　　c——内聚力;

　　　σ——法向应力;

　　　φ——内摩擦角。

摩尔-库仑模型的破坏包线包括两部分:一段是剪切破坏包线,另一段是拉伸破坏包线。与剪切破坏相对应的是相关联的流动法则,与拉伸破坏对应的是不相关联的流动法则。在 FLAC^{3D} 中,摩尔-库仑模型便是在 σ_1、σ_2、σ_3 主应力空间中,对应的广义应变矢量的分量是主应变 ε_1、ε_2、ε_3。

(2)双屈服本构模型

双屈服本构模型属于经典的体应变硬化塑性理论的范畴。在每一个荷载增量的情况下,可以承受较小的弹性应变和塑性应变。双屈服本构模型经历以下阶段:

弹性阶段:在无塑性变形的小应变范围内,材料呈线性弹性行为。在该阶段,应力与应变成正比,遵循胡克定律。

第一屈服点:当材料的应力超过第一屈服点时,材料开始发生塑性变形。此时,材料的应力会随着应变的增加而保持相对稳定。

应变硬化阶段:在第一屈服点之后,材料经历了应变硬化阶段。这意味着材料的抗变形能力增加,需要更高的应力来进一步产生塑性变形。

第二屈服点:当材料的应力超过第二屈服点时,材料的应力会再次保持相对稳定,而不是进一步增加。第二屈服点通常对应于材料的最大强度。

应变软化阶段:在第二屈服点之后,材料可能经历应变软化阶段。这意味着材料的抗变形能力减弱,需要更低的应力即可进一步产生塑性变形。

（3）应变软化本构模型

应变软化本构模型是一种用于描述材料塑性行为的本构模型，它表现出在加载过程中材料的抗变形能力随着应变的增加而减弱的特性。该模型常用于描述某些材料在塑性变形中出现的应变软化现象。

在 FLAC³ᴰ 中，弹性阶段的应变软化模型与摩尔-库仑模型是完全相同的。二者的差别在于塑性屈服开始后，应变软化模型中，材料黏聚力、内摩擦角、剪胀角、抗拉强度均会随着塑性应变而发生衰减。在应用过程中，可以自定义这些材料参数为塑性应变的函数，比较常见的方法是采用三折线软化规律。应变软化模型通过在每个时步增加硬化参数以计算总的塑性剪切应变与拉应变，进而使材料性质与用户定义的材料函数一致。应变软化模型的屈服函数、流动法则、应力修正与摩尔-库仑模型的一致。应变软化模型应力-应变曲线如图 2-4 所示。

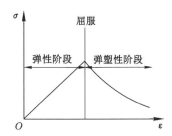

图 2-4　应变软化模型应力-应变关系

（4）应变硬化本构模型

该模型基于摩尔-库仑模型具有不相关的剪切和相关的张力流动规则。然而，区别在于内聚力、摩擦力、膨胀力和抗拉强度在塑性屈服开始后硬化。摩尔-库仑模型假设这些属性保持不变。这里可以将内聚力、摩擦力和膨胀力定义为测量塑性剪切应变的硬化参数的分段线性函数。抗拉强度的分段线性软化定律也可以用另一个测量塑性拉伸应变的硬化参数来描述。

该模型的两个硬化参数（κ^s 和 κ^t）分别被定义为该区域塑性剪切应变和拉伸应变的一些增量测量的总和。区域剪切和拉伸硬化增量计算为该区域中所有四面体的硬化增量的体积平均值。特定四面体的剪切硬化增量是该步骤的塑性剪切应变增量张量的第二不变量的度量，具体见式（2-6）。

$$\begin{cases} \Delta\kappa^s = \dfrac{1}{\sqrt{2}}\sqrt{(\Delta\varepsilon_1^{P\,s} - \Delta\varepsilon_m^{P\,s})^2 + (\Delta\varepsilon_m^{P\,s})^2 + (\Delta\varepsilon_3^{P\,s} - \Delta\varepsilon_m^{P\,s})^2} \\ \Delta\kappa^t = |\ \Delta\varepsilon_3^{P\,t}\ | \end{cases} \quad (2\text{-}6)$$

式中　$\Delta\kappa^s$——剪切硬化增量；

$\Delta\kappa^t$——拉伸硬化增量；

$\Delta\varepsilon_1^{Ps}$——第一塑性剪应变增量；

$\Delta\varepsilon_3^{Ps}$——第三塑性剪应变增量；

$\Delta\varepsilon_m^{Ps}$——平均塑性剪应变增量；

$\Delta\varepsilon_3^{Pt}$——塑性拉应变增量。

（5）接触面结构单元

在岩石力学中许多情况需要描述可以滑动和分离的平面。例如：岩土介质的解理面、断层面和层现面，地基与土的界面，矿仓与仓储物的接触面，相互碰撞物体之间的接触面，空间中的固定、不变形的平面屏障。分界面可以用来连接不同尺寸的单元体，FLAC^{3D}提供了库仑滑动或可剪拉的联结分界面，分界面具有摩擦角、内聚力、剪胀角、法向刚度和切向刚度、抗压强度和抗剪强度等参数。

FLAC^{3D}中接触面单元由一系列三节点的三角形单元构成，接触面单元将三角形面积分配到各个节点中，每个接触面节点都有一个相关的表示面积。四边形区域面用两个三角形接触面单元来表示，接触面单元顶点上自动生成节点，网格面与接触面单元相连时，接触面节点就会产生。接触面节点以及节点表示的面积如图 2-5 所示。

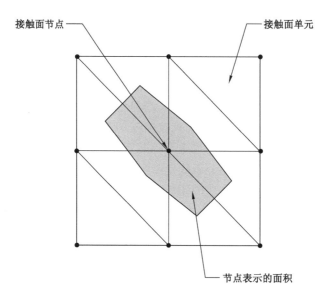

图 2-5　接触面节点相关面积分布图

接触面单元通过接触面节点和实体单元表面之间建立联系，接触面法向方向所受到的力由目标面方位决定。在计算过程中,先得到接触面节点和目标面之间的法向刺入量和剪切速度,再利用接触面本构模型来计算法向力和切向力的大小。当接触面上的切向力未达到最大切向力时,接触面处于弹性阶段;当接触面上为最大切向力时,接触面进入塑性阶段。接触面的本构模型如图 2-6所示。

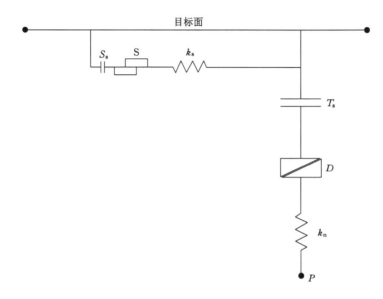

S—滑块;T_s—抗拉强度;S_s—抗剪强度;D—膨胀角;k_s—剪切刚度;k_n—法向刚度。

图 2-6 结构面单元本构模型示意图

若接触面上的拉应力超过了接触面上的抗拉强度,切向力和法向力就会为零,节点上法向力分布在目标面上,剪切力分布在与节点相连的反方向的面上,为了保持数值计算的稳定性,接触面刚度加在两边节点的计算刚度上,接触面接触性体现在接触面节点上,且接触力仅在节点上传递,其力学本构关系见式(2-7)。

$$\begin{cases} F_n^{t+\Delta t} = k_n u_n A + \sigma_n A \\ F_s^{t+\Delta t} = F_s^t + k_s \Delta u_s^{t+0.5\Delta t} A + \sigma_s A \end{cases} \tag{2-7}$$

式中　$F_n^{t+\Delta t}$——$t+\Delta t$ 时的法向应力;

　　　　$F_s^{t+\Delta t}$——$t+\Delta t$ 时的切向应力;

　　　　u_n——界面节点侵入目标面的绝对法向位移;

　　　　Δu_s——界面相对剪切位移增量;

　　　　σ_n——界面初始化增加的额外法向应力;

k_n——界面法向刚度；

k_s——界面切向刚度；

σ_s——界面初始化增加的额外剪切应力；

A——分界面节点对应的面积。

2.2.2 煤岩静载单轴压缩变形数值试验

外荷载作用下的煤岩材料容易遭受弹塑性变形，其变形行为决定了煤岩体宏观结构的稳定性，数值试验为定量表征煤岩材料变形行为提供了技术支撑。图 2-7 为数值试验和室内实验的煤岩单轴压缩应力-应变演化规律，结果表明，煤样具有峰后软化特性，更适合采用应变软化模型表征其承载变形行为。而岩样峰后软化特性不明显，更适合采用摩尔-库仑模型表征其承载变形行为。

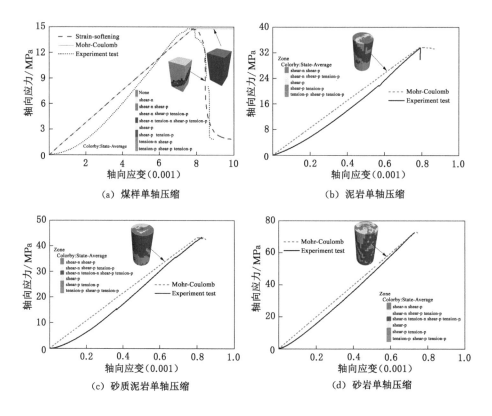

（a）煤样单轴压缩 （b）泥岩单轴压缩

（c）砂质泥岩单轴压缩 （d）砂岩单轴压缩

图 2-7 煤岩试样单轴压缩数值试验

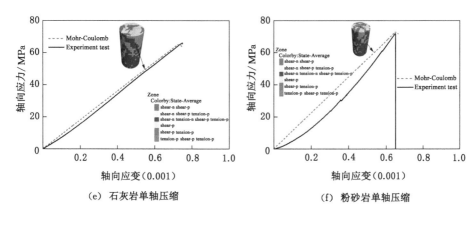

（e）石灰岩单轴压缩　　　　　　　（f）粉砂岩单轴压缩

图 2-7　（续）

2.2.3　煤岩静载单轴抗拉变形数值试验

煤样的单轴抗拉变形行为如图 2-8（a）所示，模型采用摩尔-库仑模型。图中每一步表示上下移进 2×10^{-8} m，随着步数的迭代，煤样内部的拉应力逐渐升高，当上下移进 0.22 mm 时，曲线不再变化，塑性区贯通，达到煤样的最大抗拉强度 1.2 MPa，是抗压强度的 8% 左右。同样的方法获得泥岩、砂质泥岩、砂岩、石灰岩、粉砂岩的抗拉强度分别为 1.6 MPa、1.9 MPa、2.3 MPa、2.2 MPa 和 2.4 MPa。

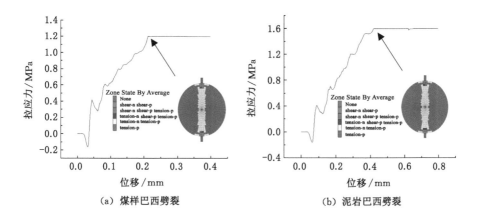

（a）煤样巴西劈裂　　　　　　　　（b）泥岩巴西劈裂

图 2-8　煤岩试样巴西劈裂数值试验

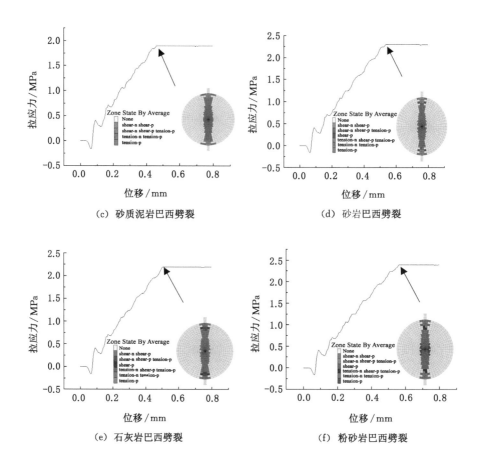

（c）砂质泥岩巴西劈裂　　　　　　（d）砂岩巴西劈裂

（e）石灰岩巴西劈裂　　　　　　（f）粉砂岩巴西劈裂

图 2-8　（续）

2.2.4　煤岩静载单轴直剪变形数值试验

煤样的静载直剪试验的剪应力变化如图 2-9（a）所示，横坐标表示为煤样的剪切位移，纵坐标表示剪应力，剪切位移在 4 mm 以内时，剪应力随着剪切位移的变化呈线性增加；当剪切位移在 5 mm 以上时，剪应力增加的速度逐渐变得缓慢，当剪切位移达到 28 mm 时，剪应力不再增加，达到了最大的剪应力，此时即为煤样的抗剪强度，达到了 5.2 MPa。约为单轴抗压强度的 34.6%。同样的方法获得泥岩、砂质泥岩、砂岩、石灰岩、粉砂岩的抗剪强度分别为 11 MPa、21 MPa、49 MPa、65 MPa 和 40 MPa 左右。

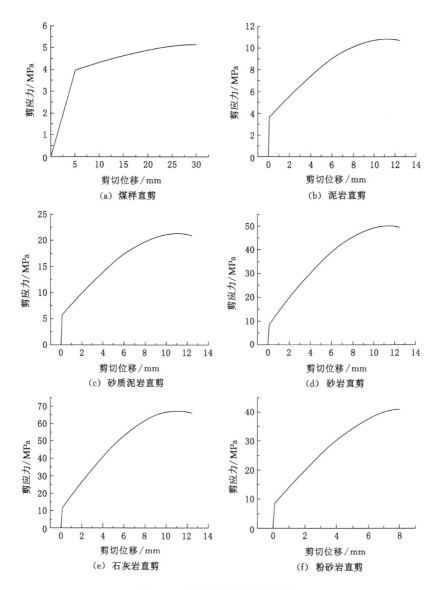

图 2-9 煤岩试样直剪数值试验

2.2.5 煤岩动载单轴拉压变形数值试验

煤样动载单轴压缩变形行为如图 2-10(a)所示,当压缩剪切应力波幅值小于 22.15 MPa 时,单轴压应力为 3.69 MPa(约为单轴抗压强度的 25%)的煤样具有足够的承受动应力波的能力。在 22.15 MPa 范围内,应力波使煤样产生弹性振动,且煤样的振动幅值随着压缩剪切应力波幅值的增大而增大。应力和应变都能恢复到原来的值,这是由于应力随应变的变化先线性增大,然后沿原路径线性减小。而当应力波幅值大于 22.15 MPa 时,应力和垂直应变不能恢复到原始状态。煤样的变形行为由小弹性状态转变为大塑性状态。

煤样动载单轴拉伸变形行为如图 2-10(b)所示,该煤样单轴抗压应力为 3.69 MPa(约为单轴抗压强度的 25%),当拉应力波幅值小于 9.78 MPa 时,具有足够的承受动应力波的能力。在 9.78 MPa 范围内,应力波使煤样产生弹性振动,且煤样的振动幅值随着拉应力波幅值的增大而增大。应力和应变都能恢复到原来的值,这是由于应力随应变的变化先线性增大,然后沿原路径线性减小。当拉应力波幅值达到 7.38 MPa 时,变形行为由压缩状态转变为拉伸状态。而当应力波幅值大于 9.78 MPa 时,应力-应变不能恢复到初始状态。煤样的变形行为由小弹性状态转变为大塑性状态。

煤样动载单轴拉压破坏强度如图 2-10(c)所示,随着静载应力的增加,煤样动载压剪破坏峰值线性减小,动载拉伸破坏峰值线性增大,这是煤材料的破坏机理。平均应变速率为 4.5 s^{-1},介于 $0.1\sim10$ s^{-1} 之间,属于弱动态[145]。因此,数值模型中未考虑应变速率对煤材料强度的影响。

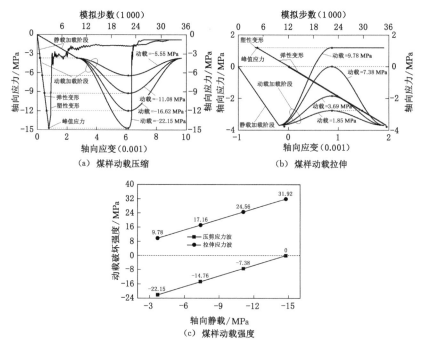

（a）煤样动载压缩 （b）煤样动载拉伸

（c）煤样动载强度

图 2-10 煤样动载拉压数值试验

2.2.6 煤岩静载三维压缩变形数值试验

三维压缩条件下沉积地层中的煤岩样峰值强度随围压的增加呈增加状态。如图 2-11 所示为煤、页岩、泥岩、砂质泥岩、砂岩、石灰岩典型沉积岩层的变围压三维应力-应变曲线。随着围压的增加,煤岩的弹性模量呈增加趋势,增幅不明显,随煤岩强度的增加增幅呈衰减趋势;抗压强度呈增加趋势,增幅较明显,随煤岩强度的增加增幅呈增加趋势;极限压应变呈增加趋势,增幅较明显,随煤岩强度的增加增幅呈衰减趋势;曲线形态在峰后由骤降至零转变为缓慢下降并趋向于残余承载状态,随煤岩强度的增加,残余强度呈增加趋势,与抗压强度的差值呈减小趋势。以上分析表明,可通过锚杆支护的方式,改善围岩受力状态,使围岩由二向受力承载状态向三向受力承载状态转变,提高围岩的弹性承载强度和残余承载强度,进而减小围岩弹性变形和塑性变形,提高围岩整体稳定性。

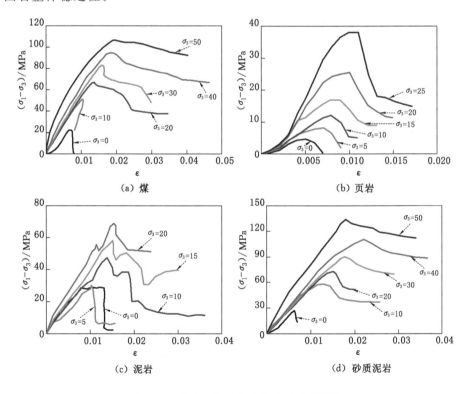

图 2-11　煤岩三维压缩应力-应变曲线[146]

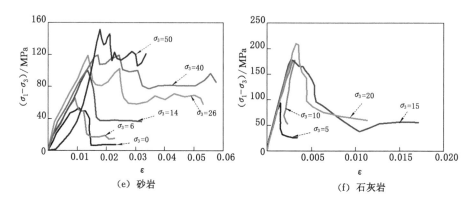

（e）砂岩　　　　　　　　（f）石灰岩

图 2-11　（续）

煤岩三维数值试验结果如图 2-12 所示。深部巷道周围岩石实际受到的围压远小于脆延性转化的临界状态的围压值，巷道的变形只是来自岩石破裂后的应变软化。因此利用 FLAC^{3D} 数值计算软件开展大尺寸岩体三维压缩试验。围压从 0 MPa 增加至 45 MPa。随着最大主剪应变 γ 的增加，最大主应力呈现出典型的线弹性增加、塑性软化、残余承载特征。轴向加载应力小于围压时，最大主应变发生在侧向，轴向主应变小于侧向主应变，两者的差值小于零，考虑初始加载阶段岩体处于弹性承载阶段，不做细致分析，绘图时取了主应变差值的绝对值，导致开始阶段出现折返现象，但当轴压大于围压时，曲线恢复正常。随着围压的增加，岩体的峰值抗压强度、残余抗压强度均呈增加趋势，达到峰值所需塑性剪应变也呈增加趋势，围压可显著提升煤岩材料承载能力。

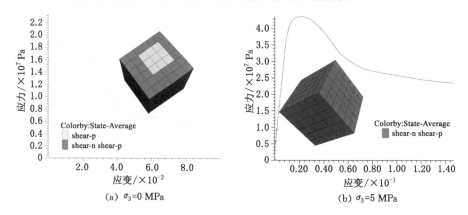

（a）$\sigma_3 = 0$ MPa　　　　　　　　（b）$\sigma_3 = 5$ MPa

图 2-12　煤样三维压缩变形数值试验

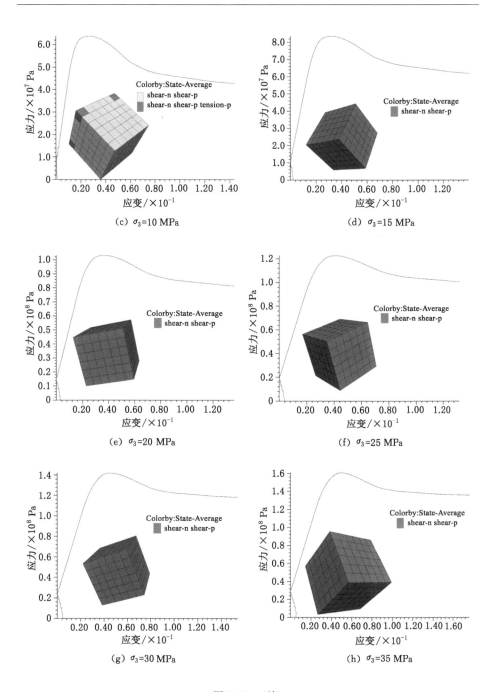

图 2-12 （续）

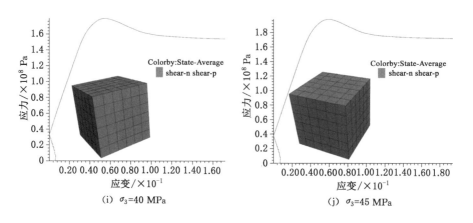

图 2-12 （续）

2.3 煤岩材料破裂数值试验方法

2.3.1 有限元数值模拟方法

2.3.1.1 ABAQUS 模拟煤岩开裂行为

ABAQUS 是由 SIMULIA 公司在 1978 年推出的，基于有限元分析的通用计算机辅助工程软件，由于 ABAQUS 强大的计算能力使得它在全球范围内使用度极高，广泛地用于工程学、航天航空工程、汽车、医疗等领域。ABAQUS 主要功能是数值模拟，其模拟的范围涵盖了从简单的线性结构分析到多物理场仿真。同时 ABAQUS 还具有多种多样、种类繁多的材料模型库，可以模拟很多工程中常见材料的性能，也可以处理各种类型的线性和非线性材料，其中包括橡胶材料、各种金属材料、复合材料、高分子材料、钢筋混凝土材料以及岩石和土壤等地质材料，其内置的断裂分析模块主要为内聚力单元和扩展有限元，可以模拟裂纹的偏转。

ABAQUS 为用户提供广泛的使用，即便是复杂的问题，也可以很好地建模，对于简单结构问题，用户对所建模型赋予材料参数提交运算即可[147]；对于高度非线性的问题，用户仅需要提供结构的性质形状、边界条件这些工程数值，ABAQUS 能自己选择合适的加载增量和收敛准则对非线性问题进行收敛分析。ABAQUS 中分析模块分为 ABAQUS/Standard 隐式模块和 ABAQUS/Explicit 显式模块，两种不同的分析模块的使用范围也是不同的，ABAQUS/

Standard 是一个通用的分析模块,无论静力、动力、结构的热电响应都可以很好地对其进行分析;另一方面,对于波的传播分析,使用 ABAQUS/Explicit 会得到更好的收敛效果。对于一些使用 Cohesive 单元或是材料退化失效的问题,使用隐式分析结构难以收敛,所以我们常用 ABAQUS/Explicit 显式分析对这类材料进行分析。

同时 ABAQUS 也提供了更加强大的编程接口和脚本语言,用户可以通过 C++、MATLAB、Python 对 ABAQUS 进行二次开发,满足用户的特定功能需求。

2.3.1.2 模拟煤岩变形的本质力学关系

内聚力模型(Cohesive Zone Model,CZM),是一种基于弹塑性断裂力学的模拟方法[148-149],D.S.Dugdale 与 G.I.Barenblatt 在对有穿透裂纹的大型薄板进行拉伸测试实验过程中,他们对所观察到的模型进行简化。提出在裂纹尖端存在一个很微小的内聚力区,经过不断地研究发现,内聚力本构是通过内聚力与假象面之间的距离关系来定义的,内聚力区存在着垂直于裂纹面的应力 δ,该应力与裂纹面的张开位移之间同样存在着一定的函数关系,称之为裂纹面上的张力-位移关系,如图 2-13 所示。

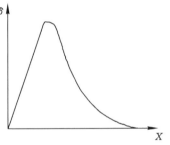

图 2-13 张力-位移关系

如图 2-13 所示,内聚力区在受到外力荷载之后,在初始加载阶段,内聚力的张力 σ 随着位移 X 的增大线性增加。当达到峰值张力 $\sigma_{\max}$ 时,材料开始发生损伤,这时裂纹还没开始出现,随着位移的增加张力 σ 逐渐下降,材料开始损伤演化,直至张力 σ 降为 0,这时候该点材料完全失效,内聚力区完全开裂,宏观表现为材料裂纹出现。这个过程中所消耗的能量记为断裂能 G_c。

经过内聚力模型的不断发展,根据材料的不同属性,提出了不同的内聚力本构关系最常见的双线性内聚力本构,指数型内聚力本构、梯形内聚力本构等等,前两者可使用脆性断裂和准脆性断裂,而梯形内聚力本构更加适用于韧性断裂。因为研究对象主要为煤岩,煤岩的破坏主要以脆性破坏和准脆性破坏为主,故对双线性内聚力本构和指数型本构进行简单的介绍。如图 2-14 所示。

无论是双线性内聚力本构还是指数型内聚力本构,损伤过程可以分为三个阶段:

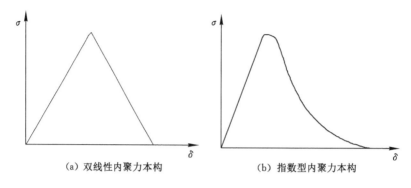

（a）双线性内聚力本构 （b）指数型内聚力本构

图 2-14 内聚力本构

① 损伤起始阶段。在内聚力上升阶段还未达到破坏强度之前，材料的性质表现为线弹性，单元的应力-应变的关系如式（2-8）所示。

$$\begin{Bmatrix} t_n \\ t_s \\ t_t \end{Bmatrix} = \begin{bmatrix} E_{nn} & E_{ns} & E_{nt} \\ E_{ns} & E_{ss} & E_{st} \\ E_{nt} & E_{st} & E_{tt} \end{bmatrix} \begin{Bmatrix} \varepsilon_n \\ \varepsilon_s \\ \varepsilon_t \end{Bmatrix} = \boldsymbol{E}\boldsymbol{\varepsilon} \tag{2-8}$$

$$\varepsilon_n = \frac{\delta_n}{T_o}, \varepsilon_s = \frac{\delta_s}{T_o}, \varepsilon_t = \frac{\delta_t}{T_o}$$

式中 $\boldsymbol{\varepsilon}$ ——应变；

  δ ——位移；

  T_o ——内聚力单元的原始厚度；

  t_n ——正应力；

  t_s, t_t ——两个方向剪应力。

② 损伤开始阶段。ABAQUS 中内置了四种损伤起始准则，分别是最大名义应力准则、最大名义应变准则、二次名义应力准则和二次名义应变准则，以及以能量或者位移来控制的损伤扩散准则，本书对这四种损伤起始准则以及用能量来定义的损伤扩展进行简单的介绍。

第一种为二次名义应变损伤：当材料纯Ⅰ型、纯Ⅱ型和纯Ⅲ型破坏时的名义应变的比值平方和为 1 时，材料损伤，方程见式（2-9）。

$$\left\{\frac{\langle \varepsilon_n \rangle}{\varepsilon_n^0}\right\}^2 + \left\{\frac{\varepsilon_s}{\varepsilon_s^0}\right\}^2 + \left\{\frac{\varepsilon_t}{\varepsilon_t^0}\right\}^2 = 1 \tag{2-9}$$

第二种为最大名义应变损伤：当材料任意纯Ⅰ型、纯Ⅱ型或纯Ⅲ型破坏时的名义应变的比值达到 1 时，材料损伤开始，方程见式（2-10）。

$$\max\left\{\frac{\langle\varepsilon_n\rangle}{\varepsilon_n^0},\frac{\varepsilon_s}{\varepsilon_s^0},\frac{\varepsilon_t}{\varepsilon_t^0}\right\}=1 \tag{2-10}$$

第三种为二次名义应力损伤：当材料纯Ⅰ型、纯Ⅱ型和纯Ⅲ型破坏时的名义应力的比值平方和为 1 时，材料损伤开始，方程见式(2-11)。

$$\left\langle\frac{\langle\sigma_n\rangle}{\sigma_n^0}\right\rangle^2+\left\langle\frac{\sigma_s}{\sigma_s^0}\right\rangle^2+\left\langle\frac{\sigma_t}{\sigma_t^0}\right\rangle^2=1 \tag{2-11}$$

第四种为最大名义应力损伤：当材料任意纯Ⅰ型、纯Ⅱ型或纯Ⅲ型破坏时的名义应力的比值达到 1 时，材料损伤开始，方程见式(2-12)。

$$\max\left\{\frac{\langle\sigma_n\rangle}{\sigma_n^0},\frac{\sigma_s}{\sigma_s^0},\frac{\sigma_t}{\sigma_t^0}\right\}=1 \tag{2-12}$$

式中　$\varepsilon_n,\varepsilon_s,\varepsilon_t$——材料当前纯Ⅰ型、纯Ⅱ型和纯Ⅲ型名义应变；

　　　$\varepsilon_n^0,\varepsilon_s^0,\varepsilon_t^0$——纯Ⅰ型、纯Ⅱ型和纯Ⅲ型破坏时的名义应变；

　　　$\sigma_n,\sigma_s,\sigma_t$——材料当前纯Ⅰ型、纯Ⅱ型和纯Ⅲ型名义应力；

　　　$\sigma_n^0,\sigma_s^0,\sigma_t^0$——纯Ⅰ型、纯Ⅱ型和纯Ⅲ型破坏时的名义应力。

通过能量来判断内聚力单元完全破坏需要的能力，单元受到三个方向的应力时，对其采用 B-K 断裂准则来判断单元何时完全破坏。

$$\begin{cases} G_n^c+(G_s^c-G_n^c)G_s^\eta G_T^{-\eta}=G^c \\ G_s=G_s^c+G_t^c \\ G_T=G_n^c+G_s^c \end{cases} \tag{2-13}$$

式中　G_n^c——法向断裂临界应变能释放率，N/mm；

　　　G_s^c,G_t^c——两切向断裂临界能量释率，N/mm；

　　　η——与材料本身特性有关的常数；

　　　G^c——复合型裂缝临界断裂能量释放率，N/mm。

③ 损伤演化阶段，引入损伤刚度因子 D，损伤因子 D 的取值范围为 $0\sim1$。当 D 为 0 时表示材料完好的，当 D 为 1 时表示材料完全破坏。对于双线性内聚力本构和指数型内聚力本构对应的损伤因子可以用式(2-14)、式(2-15)进行表示，定义为：

$$D=\frac{\sigma_m^f(\sigma_m^{\max}-\sigma_m^0)}{\sigma_m^{\max}(\sigma_m^f-\sigma_m^0)} \tag{2-14}$$

$$D=1-\left\{\frac{\sigma_m^0}{\sigma_m^{\max}}\right\}\left\{1-\frac{1-\exp\left[-\alpha\left(\frac{\sigma_m^{\max}-\sigma_m^0}{\sigma_m^f-\sigma_m^0}\right)\right]}{1-\exp(-\alpha)}\right\} \tag{2-15}$$

式中 $\sigma_{\mathrm{m}}^{\max}$——加载过程中最大的有效位移；

σ_{m}^{0}——内聚力达到黏结强度时裂纹面的相对位移；

$\sigma_{\mathrm{m}}^{\mathrm{f}}$——单元失效时裂纹面的失效位移；

α——定义损坏率的非尺寸材料参数进化。

损伤开始后，材料的刚度强度开始衰减发生不恢复的损伤，损伤后的刚度可按照式(2-16)、式(2-17)计算，强度可以按照式(2-18)、式(2-19)计算[150]。

$$K_{\mathrm{n}} = (1-D) \times K_{\mathrm{n}}^{0} \tag{2-16}$$

$$K_{\mathrm{s}} = (1-D) \times K_{\mathrm{s}}^{0} \tag{2-17}$$

$$t_{\mathrm{n}} = \begin{cases} (1-D) \times \overline{t_{\mathrm{n}}}, \overline{t_{\mathrm{n}}} \geqslant 0 \\ \overline{t_{\mathrm{n}}}, \overline{t_{\mathrm{n}}} < 0 \end{cases} \tag{2-18}$$

$$t_{\mathrm{n}} = (1-D) \times \overline{t_{\mathrm{n}}} \tag{2-19}$$

2.3.2 煤岩静载单轴压缩破裂数值试验

图 2-15 分别为煤样、泥岩、砂质泥岩、砂岩、石灰岩、粉砂岩单轴压缩荷载-位移曲线，对比不同煤岩样的单轴压缩破坏形态，发现单轴压缩作用下煤岩样主要以剪切破坏为主，裂纹扩展的形状和扩展路径较为简单，主要呈现出裂纹贯通的剪切破坏。使用内聚力单元对单轴压缩进行数值模拟，所得荷载-位移可以大概分为线弹性阶段、裂缝扩展阶段和残余应力阶段，在线弹性阶段无论是哪一种煤岩材料，试件表面没有明显的变形，煤岩内部微观裂缝也没有实质上形成，材料所受的荷载随着轴向位移的增加线性增加，强度越高的煤岩所能受的荷载也越大。当荷载超过峰值以后，应力快速下降，试件表面出现明显的宏观裂纹，此时裂纹扩展并不稳定，随着位移的继续增加，裂缝继续扩展到一定程度形成剪切贯通裂缝。

2.3.3 煤岩静载单轴抗拉破裂数值试验

对不同强度的煤岩全局插入内聚力单元进行巴西劈裂模拟，荷载随轴向位移的变化曲线如图 2-16 所示。随着轴向位移的不断增大，煤岩荷载-位移曲线形式具有一定的相似性，总体来说弹性上升-破坏下降的过程，与实验所得曲线大致相似，随着材料强度的不断增加，所达到的峰值荷载也在不断增大，但由于模拟中加载板和试样两端接触，会有较高的应力集中情况出现，所以在使用内聚力单元对试样进行抗拉实验模拟时，常常在两端加载处先形成裂纹，裂纹扩展的路径与实际模拟有一定的差异。

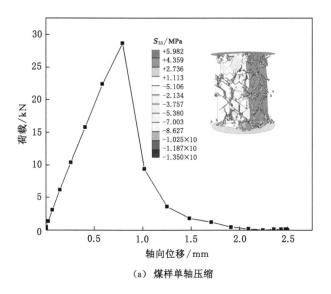

（a）煤样单轴压缩

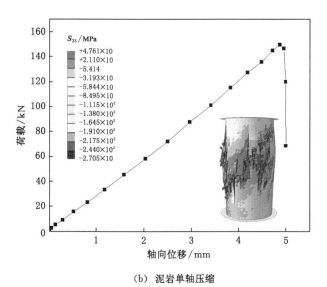

（b）泥岩单轴压缩

图 2-15 煤岩静载单轴压缩破裂荷载-位移曲线

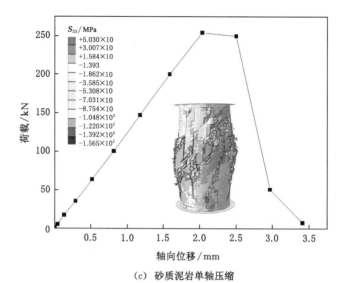

（c）砂质泥岩单轴压缩

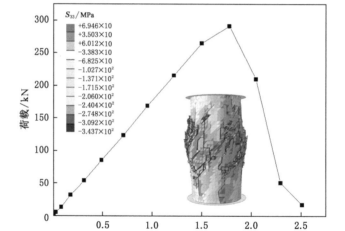

（d）砂岩单轴压缩

图 2-15 （续）

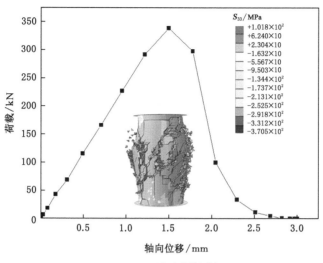

（e）石灰岩单轴压缩

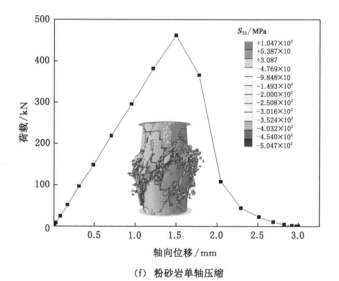

（f）粉砂岩单轴压缩

图 2-15　（续）

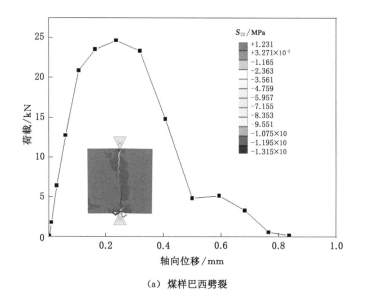

（a）煤样巴西劈裂

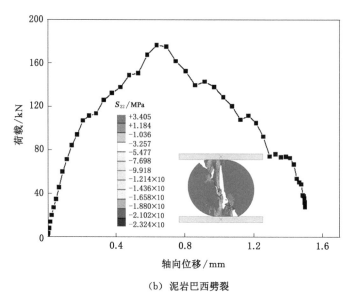

（b）泥岩巴西劈裂

图 2-16 煤岩静载巴西劈裂破裂荷载-位移曲线

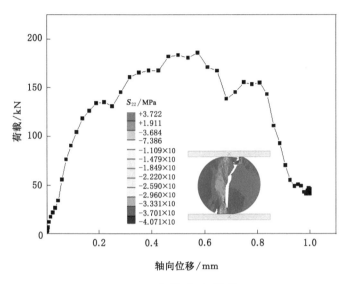

（c）砂质泥岩巴西劈裂

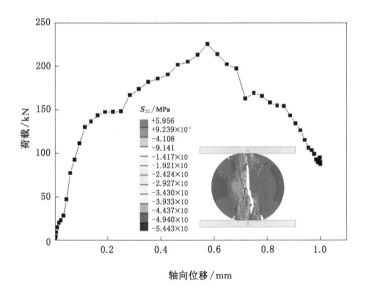

（d）砂岩巴西劈裂

图 2-16 （续）

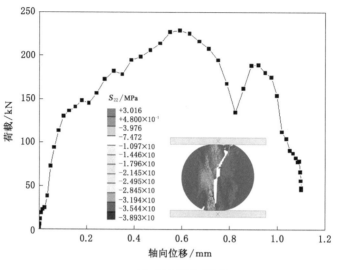

(e) 石灰岩巴西劈裂

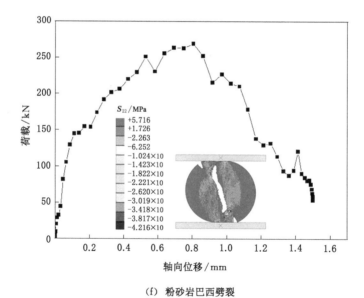

(f) 粉砂岩巴西劈裂

图 2-16 （续）

2.3.4 煤岩静载单轴直剪破裂数值试验

图 2-17 为不同煤岩静载直剪破裂荷载-位移曲线,由曲线图可得不论何种材料模拟所得曲线都会上下波动,但整体的趋势相似,这是由于在 ABAQUS 中用内聚力单元模拟煤岩直剪,在模拟过程中有一部分的内聚力单元率先进入损

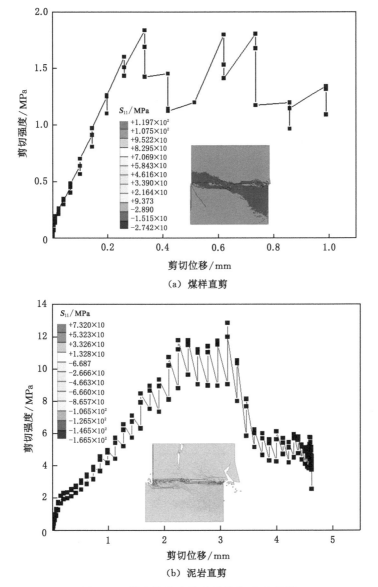

（a）煤样直剪

（b）泥岩直剪

图 2-17　煤岩静载直剪破裂荷载-位移曲线

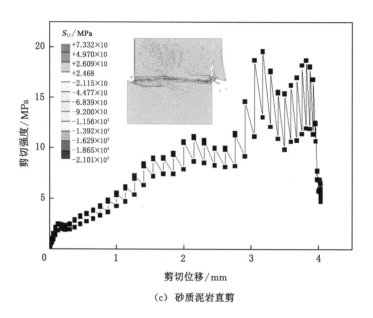

（c）砂质泥岩直剪

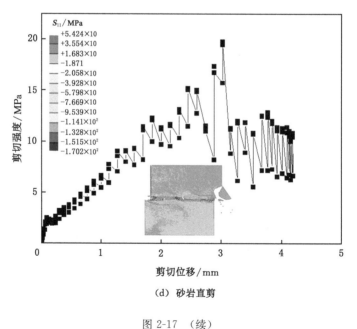

（d）砂岩直剪

图 2-17 （续）

伤阶段达到失效状态，导致刚度迅速下降，引起整体曲线的波动。通过对不同强度的煤岩进行直剪试验模拟可知，不同强度煤岩的剪切强度-剪切位移曲线相

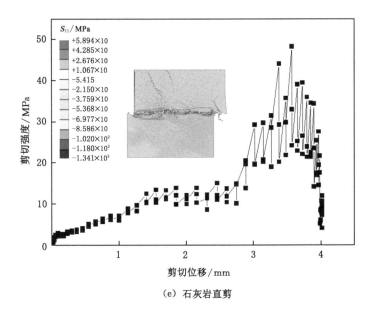

（e）石灰岩直剪

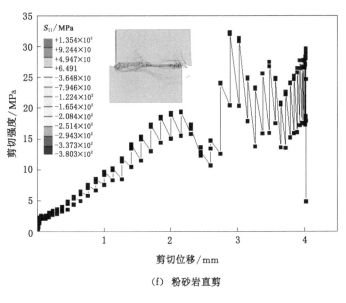

（f）粉砂岩直剪

图 2-17 （续）

似,但是峰值不同,随着材料的强度增加,剪切强度有所提高。同时分析不同煤岩材料可知,无论是岩体还是煤样应力大致成中心对称分布,且边角处单元由于受到荷载和边界条件的影响,其应力状态都高于周围其他部分的应力,极其容易发生变形破坏。

2.3.5 煤岩动载单轴拉压破裂数值试验

煤样动载单轴压缩变形行为如图 2-18 所示,当压缩剪切应力波幅值小于 20 MPa时,煤样具有足够的承受动应力波的能力,随着轴向位移的增加荷载不断增加。而当应力波幅值大于 20 MPa 时,应力和垂直应变不能恢复到原始状态。煤样的变形行为由小弹性状态转变为大塑性状态。通过对模拟试样在动载施加过程中裂缝的扩展,发现裂缝的产生有明显的积聚过程,随着压缩剪切应力波的变化,裂缝不断地扩展压缩,当积攒到一定的程度,剪切破坏裂缝出现,荷载曲线下降,但是仍有残余应力的存在。

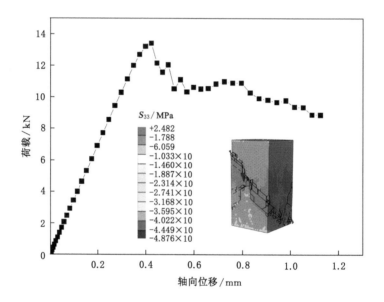

图 2-18　煤样动载拉压数值试验

2.3.6 煤岩静载三维压缩破裂数值试验

图 2-19 为煤样在不同围压作用下进行压缩所得荷载-位移曲线图。通过全局插入内聚力单元来模拟三轴应力作用下煤样压缩破裂行为,随着围压的不断增加,煤样的破裂主要表现为均匀的微观裂隙和细小断裂,煤样峰值荷载逐渐增加,表明此时围压提升了煤样承载能力。煤样静载三轴压缩破裂曲线呈现出明

显的线性上升阶段以及达到峰值荷载后下降的趋势,随着围压的增加煤样残余应力逐渐增加,这是因为在高围压下,煤样在破裂过程中产生的应力不完全释放,导致煤样内部存在着高应力状态。

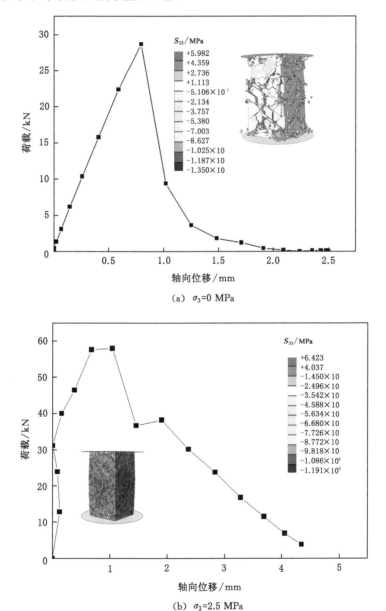

(a) $\sigma_3 = 0$ MPa

(b) $\sigma_3 = 2.5$ MPa

图 2-19 煤样三维压缩变形数值试验

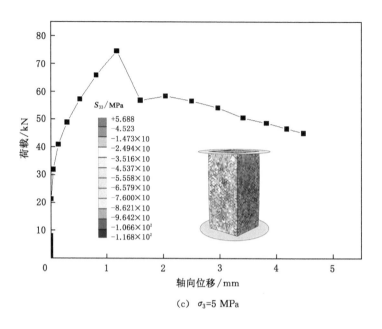

（c）σ_3=5 MPa

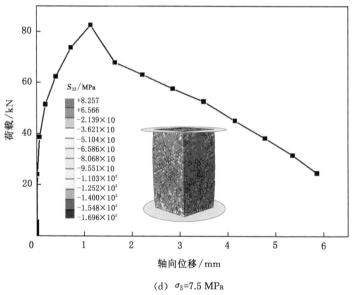

（d）σ_3=7.5 MPa

图 2-19 （续）

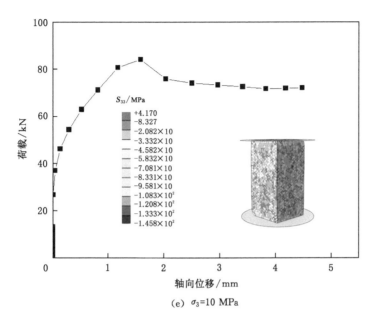

(e)　σ_3=10 MPa

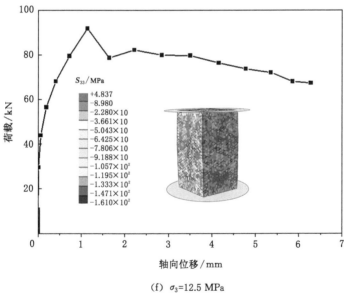

(f)　σ_3=12.5 MPa

图 2-19　（续）

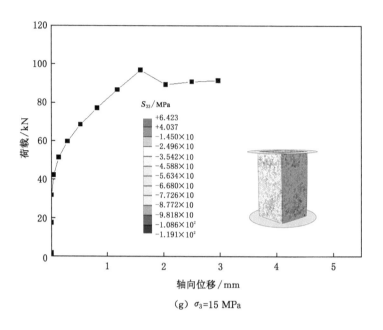

（g）σ_3=15 MPa

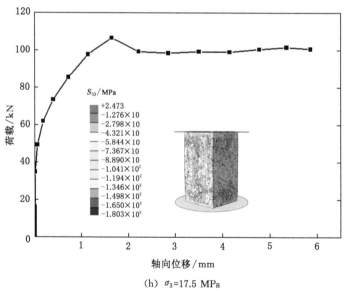

（h）σ_3=17.5 MPa

图 2-19 （续）

2.4 煤岩工程体稳定性评价方法

对于地下工程来说,一般岩体的力学性质与实验室内煤岩试样存在很大差异,岩体赋存于一定地质环境中,地应力、地温、地下水等因素对其物理力学性质存在着很大影响,岩石试件只是为了实验室试验而加工的岩块,本身已经完全脱离了原有的地质环境。岩体在自然状态下经历了漫长的地质作用过程,其内部含有各种地质构造和弱面,岩石试件往往取自岩体的一部分,自身离散性较大。岩体质量的优劣、岩体在稳定性方面的表现将导致岩体性质存在极大差异。因此,对岩体合理分类以及质量评价是选择工程结构参数的基础,也是分析煤岩材料组成的宏观工程结构稳定性的依据。

2.4.1 BQ 分类方法

《工程岩体分级标准》(GB/T 50218—2014)提出了岩体的两步分级法:第一步,主要考虑岩体基本质量,对岩体初步分级;第二步,在初步分级的基础上,依据岩体工程的特点,充分考虑其他影响因素的综合作用,再次进行评价。

2.4.1.1 岩体质量初步分级

$$BQ = 100 + 3R_c + 250K_v \qquad (2-20)$$

式中　BQ——岩体的基本质量指标;

　　　R_c——岩石单轴饱和抗压强度值,MPa;

　　　K_v——岩体完整性指数。

定性划分岩石坚硬程度与单轴饱和抗压强度之间的对应关系如表 2-5 所示,定性划分岩体完整程度及其指标定量表示如表 2-6 所示,岩体质量分级指标如表 2-7 所示。

表 2-5　基于岩石单轴抗压强度的岩石坚硬程度的定性划分标准

名称	定性鉴定	代表性岩石	单轴饱和抗压强度 R_c/MPa
坚硬岩	锤击声清脆、有回弹、震手、难击碎;浸水后大多无吸水反应	未风化～微风化的花岗岩、正长岩、石英岩、石英砂岩等	>60
较坚硬岩	锤击声较清脆,有轻微回弹,稍震手,较难击碎;浸水后有轻微吸水反应	弱风化的坚硬岩,未风化～微风化的大理岩、板岩、石灰岩等	60～30

表 2-5(续)

名称	定性鉴定	代表性岩石	单轴饱和抗压强度 R_c/MPa
较软岩	锤击声不清脆、无回弹，较易击碎；浸水后指甲可刻出印痕	强风化的坚硬岩，弱风化的较坚硬岩，未风化～微风化的凝灰岩、砂质页岩、泥质砂岩等	30～15
软岩	锤击声哑、无回弹，有凹痕，易击碎；浸水后手可掰开	强风化的坚硬岩，强风化的较坚硬岩，弱风化的较软岩，未风化的泥岩等	15～5
极软岩	锤击声哑，无回弹，有较深凹痕，手可捏碎；浸水后可捏成团	全风化的各种岩石，各种半成岩	<5

表 2-6 岩体完整程度的定性划分及定量指标

名称	结构面发育程度		节理裂隙统计值 J_v /(条·m^{-3})	岩体完整性指数 K_v	主要结构面的结合程度	主要结构面类型	相应结构类型
	组数	平均间距 /m					
完整	1～2	>1.0	<3	>0.75	结合好或结合一般	节理、裂隙、层面	整体状或巨厚层状结构
	1～2	>1.0	3～10	0.75～0.55	结合差		块状或厚层状结构
较完整	2～3	1.0～4.0			结合好或结合一般	节理、裂隙、层理	块状结构
	2～3	1.0～0.4	10～20	0.55～0.35	结合差		裂隙块状或中厚层状结构
较破碎	≥3	0.4～0.2			结合好	节理、裂隙、劈理、层面、小断层	镶嵌碎裂结构
					结合一般		薄层状结构
	≥3	0.4～0.2	20～35	0.35～0.15	结合差		裂隙块状结构
破碎		≤0.2			结合一般或结合差	各种类型结构面	碎裂结构
极破碎	无序		>35	<0.15	结合很差		散体状结构

表 2-7　岩体质量分级表

基本质量级别	岩体质量的定性特征	BQ
Ⅰ	坚硬岩,岩体完整	>550
Ⅱ	坚硬岩,岩体较完整;较坚硬岩,岩体完整	550～451
Ⅲ	坚硬岩,岩体较破碎;较坚硬岩,岩体较完整; 较软岩,岩体完整	450～351
Ⅳ	坚硬岩,岩体破碎;较坚硬岩,岩体较破碎或破碎; 较软岩,岩体较完整或较破碎;软岩,岩体完整或较完整	350～251
Ⅴ	较软岩,岩体破碎;软岩,岩体较破碎或破碎;全部极软岩及全部极破碎岩	≤250

2.4.1.2　工程岩体的稳定性分级

工程岩体也叫围岩,其分级除与岩体基本质量好坏有关外,还受诸多因素影响,常见的影响因素占主导地位的有主要软弱结构面、地下水和天然应力。对地下工程,按式(2-21)修正岩体基本质量指标,其中的岩体质量主要影响因素修正系数如表 2-8～表 2-10 所示。

$$[BQ] = BQ - 100(K_1 + K_2 + K_3) \qquad (2\text{-}21)$$

式中　$[BQ]$——岩体基本质量指标修正值;

K_1——主要软弱结构面产状影响修正系数;

K_2——地下水影响修正系数;

K_3——天然应力影响修正系数。

表 2-8　主要软弱结构面产状影响修正系数(K_1)

结构面产状及其与 硐轴线的组合关系	结构面走向与硐轴线夹角 $\alpha \leqslant 30°$,倾角 $\beta = 30°\sim70°$	结构面走向与硐轴线夹角 $\alpha > 60°$,倾角 $\beta > 75°$	其他组合
K_1	0.4～0.6	0～0.2	0.2～0.4

表 2-9　地下水影响修正系数(K_2)

地下水出水状态	BQ			
	>450	450～350	350～250	<250
潮湿或点滴状出水	0	0.1	0.2～0.3	0.4～0.6
淋雨状或涌流状出水,水压≤0.1 MPa 或单位出水量≤10 L/min	0.1	0.2～0.3	0.4～0.6	0.7～0.9
淋雨状或涌流状出水,水压>0.1 MPa 或单位出水量>10 L/min	0.2	0.4～0.6	0.7～0.9	

表 2-10   天然应力影响修正系数(K_3)

天然应力状态	BQ				
	>550	550~451	450~351	350~251	≤250
极高应力区	1.0	1.0	1.0~1.5	1.0~1.5	1.0
高应力区	0.5	0.5	0.5	0.5~1.0	0.5~1.0

2.4.1.3   工程岩体评价计算案例

以试验矿井工作面煤及顶底板岩层物理力学性质为例,工作面直接顶为粉砂岩,根据试验结果显示 R_c 平均值为 43.86 MPa,岩石坚硬程度为较坚硬岩。岩体完整性较好,岩体完整性指数 K_v 在 0.70~0.80 之间,取 0.75。依据式(2-20),计算岩体基本质量指数值为 419.08。岩体碎裂状结构,主要软弱结构面产状影响修正系数 K_1 取值 0.3,工作面受水害影响较小,地下水影响修正系数 K_2 取值为 0.5,天然应力影响修正系数 K_3 取值为 0.6,依据式(2-21),计算修正后的岩体基本质量指数为 279.08。按照上述方法确定试验工作面煤层、直接顶、基本顶、直接底和基本底的岩体质量指数如表 2-11 所示。

表 2-11   岩体基本质量指标

层位	R_c	K_v	BQ	K_1	K_2	K_3	$[BQ]$
基本顶	75.87	0.80	527.61	0.3	0.5	0.6	387.61
直接顶	43.86	0.75	419.08	0.3	0.5	0.6	279.08
煤层	11.02	0.35	220.56	0.2	0.5	0.6	90.56
直接底	47.79	0.65	405.87	0.3	0.5	0.6	265.87
基本底	57.39	0.55	409.67	0.2	0.5	0.6	279.67

根据岩体基本质量指数分析,试验矿井工作面所属煤层属于中硬煤层,直接顶、直接底和基本底属于较坚硬岩层,工程岩体分级属于Ⅳ类,工作面回采以后,直接顶岩层将会及时冒落;基本顶为坚硬岩层,工程岩体分级属于Ⅲ类,该层位自稳能力较强,破断后将形成承载结构层。

2.4.2   普适坚固性系数法

岩石的坚固性系数是一个综合的物性指标值,它表示岩石在采矿中各个方面的相对坚固性,能直接反映岩石的抗压强度。影响岩石性质主要有两个方面:① 岩体赋存于一定地质环境中,地应力、地温、地下水等因素对其物理力学性质存在着很大影响。② 岩体在自然状态下经历了漫长的地质作用过程,其内部含有各种地质构造和弱面,岩石试件往往取自岩体的一部分,自身离散性较大。岩体质量的优劣、岩体在稳定性方面的表现将导致岩体性质存在极大差异。因此,对岩石合理分类以及质量评价是选择工程结构参数的基础,也是分析采动覆岩运移规律的依据,具体的评价方法见表 2-12。

表 2-12　岩石坚固性系数分级[151]

级别	坚固程度	代表性岩石	f
Ⅰ	最坚固	最坚固、致密、有韧性的石英岩、玄武岩和其他各种特别坚固的岩石	20
Ⅱ	很坚固	很坚固的花岗岩、石英斑岩、硅质片岩,较坚固的石英岩,最坚固的砂岩和石灰岩	15
Ⅲ	坚固	致密的花岗岩,很坚固的砂岩和石灰岩,石英矿脉,坚固的砾岩,很坚固的铁矿石	10
Ⅲa	坚固	坚固的砂岩、石灰岩、大理岩、白云岩、黄铁矿,不坚固的花岗岩	8
Ⅳ	比较坚固	一般的砂岩、铁矿石	6
Ⅳa	比较坚固	砂质页岩,页岩质砂岩	5
Ⅴ	中等坚固	坚固的泥质页岩,不坚固的砂岩和石灰岩,软砾石	4
Ⅴa	中等坚固	各种不坚固的页岩,致密的泥灰岩	3
Ⅵ	比较软	软弱页岩,很软的石灰岩,白垩,盐岩,石膏,无烟煤,破碎的砂岩和石质土壤	2
Ⅵa	比较软	碎石质土壤,破碎的页岩,黏结成块的砾石、碎石,坚固的煤,硬化的黏土	1.5
Ⅶ	软	软致密黏土,较软的烟煤,坚固的冲击土层,黏土质土壤	1
Ⅶa	软	软砂质黏土,砾石,黄土	0.8
Ⅷ	土状	腐殖土,泥煤,软砂质土壤,湿砂	0.6
Ⅸ	松散状	砂,山砾堆积,细砾石,松土,开采下来的煤	0.5
Ⅹ	流沙状	流沙,沼泽土壤,含水黄土及其他含水土壤	0.3

根据岩石坚固性分级方法将试验矿井工作面的直接顶、基本顶、直接底、基本底进行分级,基本顶属于坚固岩层,直接顶属于中等坚固岩层,直接底属于中等坚固岩层,基本底属于比较坚固岩层。

2.5　本章小结

本章围绕煤岩材料变形本质力学行为,综合采用室内试验、数值模拟、理论分析的研究方法,确定了煤岩单轴加载力学行为准则,揭示了煤岩材料压缩、拉伸及剪切变形和破裂规律,发现了围压强化煤岩材料强度的力学特征,开展了试

验煤层工程岩体基本质量评价,为煤岩材料变形本质力学行为提供了研究方法,具体结论如下:

① 提供了煤岩标准试样制备方式,确定了煤岩材料基础力学实验方法,获得了细砂岩、粉砂岩、煤层以及粗砂岩的应力-应变曲线,测试了细砂岩、粉砂岩、煤层以及粗砂岩天然试样的密度、单轴抗压强度、单轴抗拉强度、单轴剪切强度,揭示了煤岩材料受载变形规律,为确定煤岩材料基础力学参数提供了室内实验方案、成套设备和分析方法。

② 提出了煤岩材料变形有限差分数值试验方法,建立了煤岩材料变形有限差分数值试验模型,确定了煤岩材料变形本质力学关系,发现煤样具有应变软化特性,宜采用应变软化本构模型表征其承载变形行为,岩样宜采用摩尔-库仑本构模型表征其承载变形行为。获得了煤岩试样静载单轴压缩、单轴抗拉、单轴直剪、动载单轴拉压以及静载三维压缩变形的应力-应变特性。

③ 提出了煤岩材料破裂有限元数值试验方法,建立了煤岩材料破裂有限元数值试验模型,确定了煤岩材料单元塑性本质力学关系,试验了塑性煤岩材料单元间的分界面结构单元模型,开发了分界面结构单元的全局插入方法,获得了煤岩试验静载单轴压缩、单轴抗拉、单轴直剪、动载单轴拉压以及静载三维压缩破裂的应力-应变特性,为煤岩材料承载破裂预测分析提供了数值方法。

④ 确定了煤岩工程体稳定性评价方法,依据 BQ 分类方法,确定试验煤层的基本质量指标小于 250,属于 V 类围岩,直接顶、直接底和基本底的岩体基本质量指标在 251~350 之间,属于Ⅳ类岩层,基本顶岩体基本质量指标大于 350,属于Ⅲ类岩层。依据普氏坚固性系数法,确定试验煤层直接顶坚固性系数为 4.4,属于较坚硬岩层,直接底坚固性系数为 4.8,属于较坚硬岩层,基本底坚固性系数为 5.7,属于较坚硬岩层,基本顶坚固性系数为 7.6,属于坚硬岩层。

3 煤岩结构面承载损伤的行为特征

3.1 煤岩结构面相似物理模型

3.1.1 煤岩结构面起伏特性分析

煤系地层由沉积作用形成,层与层之间的结构面尚无法预知其微观物理结构、物性本质以及力学关系,宏观的力学行为仅仅发生在工程实践环节,往往存在无法预知的矿山压力显现现象。将煤系沉积地层间的接触做一定的简化,是研究该类复杂问题的有效途径之一,简化后的层间结构面微观物理形态见图 3-1。层间结构面被划分为理想水平接触界面、理想半圆接触界面、理想波形接触界面、理想三角形接触界面以及复杂不规则接触界面。其中,理想水平接触界面完全具有水平面的性质,无任何微凸起存在,这种理想的接触界面很难通过沉积作用形成,研究其力学行为对指导工程实践意义不明显。复杂不规则接触界面具有很强的实践意义,但理论分析较为困难,故多数学者将复杂的结构面结构抽象为理想的波形接触界面和三角形接触界面,这两种微观结构的界面有利于定量分析界面的力学行为特性。

煤岩结构面在各个方向表现为不规则起伏形状,为分析煤岩结构面破坏特征,将煤岩结构面里的微凸起简化为两参数相同的正弦波垂直相交时波峰相交形成的形状,亦可近似地认为将半个周期的正弦波以波峰为轴半波距为半径旋转一周得到的形状。考虑到结构面构造的简易程度和微凸起黏在煤岩截面上的黏接强度,水平切掉微凸起的尖端得到最终微凸起形状,微凸起建立过程见图 3-2。

3.1.2 煤岩结构面凸起重构方法

3.1.2.1 微凸起尺寸

为了达到应力波穿过煤岩结构面后衰减效果明显,需对节理面进行人为弱化的处理,但其轴向抗压强度应小于煤岩试样。前人对节理面强度弱化已做了

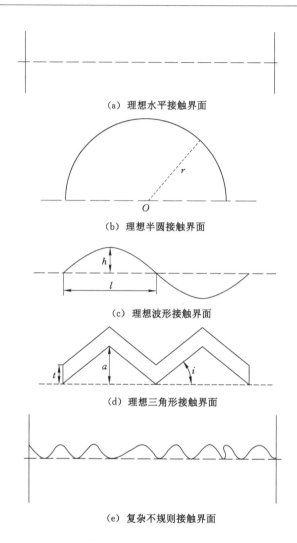

（a）理想水平接触界面

（b）理想半圆接触界面

（c）理想波形接触界面

（d）理想三角形接触界面

（e）复杂不规则接触界面

图 3-1　接触面微观结构分类

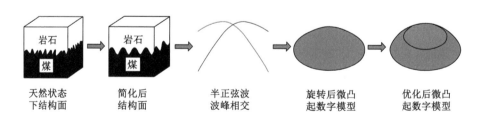

天然状态下结构面　简化后结构面　半正弦波波峰相交　旋转后微凸起数字模型　优化后微凸起数字模型

图 3-2　微凸起数字模型建立过程

大量研究,夏大平等[152]在清水或碱溶液中浸泡煤样使其力学强度下降,研究发现原煤和经过水浸泡 7 d 后的单轴平均抗压强度测试结果分别为 25.64 MPa、14.75 MPa,单轴抗压强度较原煤下降了 42.47%;张雨霏等[153]选择水泥砂浆浇筑粗糙节理,用梯台的高度控制节理厚度;闫亚涛等[154]采用水泥砂浆材料浇制不同高度和起伏度的锯齿,构造出不同粗糙度的吻合和不吻合节理岩体试样;许江等[155]利用相似材料制作砂岩剪切破坏结构面,并在结构面充填 3 种不同充填石膏厚度;马芹永等[156]采用石膏材料制作了不同倾角节理面,研究了不同倾角贯通节理砂岩在冲击荷载作用下的力学特性及破坏规律;李娜娜等[157]通过在圆柱形岩样截面上切槽构造节理面,然后用不同冲击速度对组合试样进行试验,发现切槽宽度在 4 mm 时,透射系数受接触面积比的影响比较明显,此时接触面积比为 52.1%。基于此可列出接触面积比与标准试样之间的关系(表 3-1),在试样截面分布情况见图 3-3。

表 3-1　圆柱形试样接触面积比与微凸起尺寸关系

微凸起尺寸/mm	4	5	6	7	8	9	10	11
切槽个数	5	5	5	3	3	3	3	3
接触面积/mm²	501.52	623.95	691.84	990.72	1 007.00	1 025.91	1 046.62	1 069.64
接触面积比	0.26	0.32	0.35	0.50	0.51	0.52	0.53	0.54

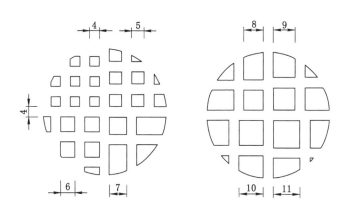

图 3-3　不同的微凸起宽度在试样截面分布情况

由表 3-1 可以得出微凸起接触面积比接近 52.1% 时,微凸起尺寸为 9 mm。由于煤样在刻槽时易崩碎,难以实现在煤样上刻槽达到弱化效果,结合图 3-2 中微凸起设计思路,将方形凸起调整为圆台形,该微凸起形状的下底面直径为

10 mm,上底面直径为 6 mm,高为 1 mm。

3.1.2.2 微凸起模具

为了能批量制作大小、厚度均相同的微凸起,需对微凸起进行模具研制。将微凸起横向、纵向各间隔 10 mm,可达到增加模具强度的目的,见图 3-4(a)。模具设计好后,先用 CAD 绘图软件绘制出模具的三维图,然后将设计好的模具图转化为 stl 格式,最后将其保存至打印机特制的内存卡上,选择打印精度打印模具。采用 3D-160 型号 3D 打印机打印模具,见图 3-4(b),材料选用直径为 1.75 mm 的 PLA3D 打印耗材。打印过程需要注意:由于耗材加热后的丝状物堆叠时具有自重,不能使其悬空,故在打印前应调整好下方的接触面。由于此次为高精度打印,在打印时打印机对耗材的加热温度与耗材堆叠时温度存在差异,故在打印好的模具上可以看见丝状纹路。并且由于微凸起厚度较小,在微凸起孔处可看见丝状物未严格按照圆形堆叠,故在模具打印好后,需对微凸起孔进行修剪。打印好的微凸起模具见图 3-4(c)。

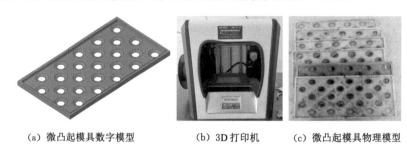

(a) 微凸起模具数字模型　　　(b) 3D 打印机　　　(c) 微凸起模具物理模型

图 3-4　微凸起模具研制过程

3.1.2.3 微凸起浇筑

由于用 3D 打印机打印出来的模具刚度小,并且微凸起还需要黏在煤岩组合体中间,而胶的凝结速度要大于凸起凝结的速度,故采取将微凸起浇筑成型后脱模,再黏接的方法制作结构面。

本次采用速凝水泥作为微凸起的制作材料,该水泥浇筑成标准试样后 1 d、7 d 和 28 d 的单轴抗压强分别为 40 MPa、50 MPa、60 MPa,抗折强度为 5~7 MPa,内聚力和内摩擦角分别为 13.29 MPa、40.64°。浇筑微凸起时,先用黄油均匀地涂在模具的凸起孔内侧和模具内表面,然后将水与速凝水泥按照 6∶35 的比例在量杯中搅拌均匀如图 3-5(a)所示。为了控制微凸起高度,且保证微凸起脱模后底部水平,在微凸起初凝前将模具内侧的水泥刮平,见图 3-5(b)。

3.1.2.4 微凸起脱模

浇筑好的微凸起 2 h 后方可脱模,为了减少对模具和微凸起的损害,脱模时

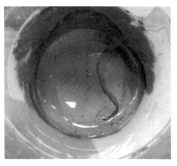

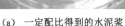

（a）一定配比得到的水泥浆　　　　　（b）微凸起浇模

图 3-5　微凸起的浇筑过程

用力大小应一致。刚脱好模的微凸起见图 3-6(a)，此时微凸起形状不规则，厚度不一致，需用镊子轻轻去除微凸起多余部分，然后从中挑出厚度一致的微凸起。筛选并修剪后的微凸起见图 3-6(b)。

（a）刚脱模后的微凸起　　　　　　（b）筛选并修剪后的微凸起

图 3-6　微凸起模型

3.1.3　煤岩结构面相似物理模型

3.1.3.1　制作方法

采用模具只能得到单个凸起，并且凸起方向单一，要想得到煤岩结构面相似模型需将微凸起按顺序排列起来。为保证每个结构面试样外界因素一致，在制作煤岩结构面相似模型时需遵循以下规则：① 将较大接触面在下方视为正放，较小接触面在下方视为反放，如图 3-7(a)所示；② 黏接结构面时，先在圆形纸上画出两相互垂直的直径，然后将微凸起正反相间放置并黏接；③ 除②描述以外的空余位置按正反相间的方式布满整个圆形纸,不足一个微凸起的可将半个微凸起黏上,保证微凸起在圆形纸上。

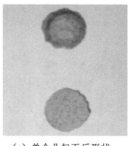  

(a)单个凸起正反形状　　　(b)黏接材料　　　(c)煤岩结构面相似模型

图 3-7　黏接微凸起时排列方式

3.1.3.2　制作步骤

为了模拟煤岩结构面在自然条件下的起伏现象,现采用将微凸起正反放相间黏接的方法。本次黏接材料选用云石胶,如图 3-7(b)所示,此胶多用于黏结石材及修补裂缝,在硬度、韧性、耐候、耐腐蚀等方面较为突出,黏接效果较好。黏接微凸起时分为以下几步:① 做直径为 50 mm 的圆形纸,在截面上找出相互垂直的直径,确定圆心;② 将云石胶与固化剂按照 100∶1 的配比拌匀,然后均匀地抹在圆形纸上;③ 用镊子将微凸起黏在圆形纸上,黏接顺序为先将微凸起正放黏在圆心位置,再沿着直径方向紧挨圆心处反放黏接,依次排序直至直径方向排满。煤岩结构面相似模型见图 3-7(c)。

3.2　煤岩结构面单轴抗压特性

3.2.1　煤岩结构面单轴压缩试验方法

3.2.1.1　试验目的

煤岩结构面的单轴抗压强度是煤岩结构面强度的一个重要参数,对后期直剪试验法向应力和 SHPB 试验预加轴压的取值提供依据。

3.2.1.2　试验设备

本次试验主要采用 GCTS RTX-3000 岩石力学试验系统进行试验,如图 3-8 所示,GCTS RTX-3000 岩石力学试验系统由计算机控制,可用于单轴压缩、三轴压缩、直接拉伸、巴西劈裂等试验。试验需要配备高强度的标准圆柱形试样模型、游标卡尺和水平仪等。

图 3-8　GCTS RTX-3000 岩石力学试验仪器及煤岩结构面单轴压缩试验

3.2.1.3　试验步骤

① 将制作好的煤岩结构面在实验室条件下放置 24 h,给试样编号并用游标卡尺、水平仪等测量其厚度和平整度。试验过程需保护仪器传感探头。

② 将煤岩结构面放在圆柱试样模型上,把二者放在 GCTS RTX-3000 仪器上,量取结构面距仪器压头的距离;操作仪器使仪器的压头下降至所量距离,即使压头刚好接触结构面,试验压缩过程需有试验员在安全距离内观察。

③ 煤岩结构面相似模型厚度见表 3-2,将结构面设计 3 个压缩距离来操作仪器进行试验,观察压缩后的情况。试验结束后轻轻将塑料薄膜收起,并打扫试验台。

表 3-2　不同压缩位移结构面单轴压缩应力

试样编号	厚度/mm	最大轴向位移/mm	最大承压荷载/kN	最大轴向应力/MPa
JGM-1	2.463	0.5	0.517	0.264
JGM-2	2.353	1.0	4.838	1.071
JGM-3	2.748	1.5	6.020	3.067

3.2.2　煤岩结构面单轴压缩强度特征

对煤岩结构面进行 3 次不同压缩位移的单轴压缩试验,处理原始数据后可得出煤岩结构面的轴向应力与应变,基于此绘出不同压缩位移的应力-应变曲线。试验前后对比图和应力-应变曲线如图 3-9 所示。可得出 3 个煤岩结构面试样最终压缩位移对应的轴向荷载,圆形纸按照标准圆柱试样截面积制成,故煤岩结构面试样截面积为 1 963.50 mm²。煤岩结构面轴向应力为试样受到的荷载与其受力面积之比,试样的承压荷载、最大轴向应力、最大轴向位移见表 3-2。选择 5 个轴向位移,确定与轴向位移对应的轴向应力,如表 3-3 所示。分析可知,试样 2 在 0.25 mm 和 0.5 mm 轴向位移对应的轴向应力较其余两者误差较明显,且试样 3 具有三阶段数据的特征,故选取试样 3 的轴向位移和轴向应力作为结构面完整破坏过程的研究对象,其应力-位移曲线图如图 3-9(c)。由表 3-3 中 JGM-3 的数据和图 3-9 可知,该试样受压全过程峰值不明显,但煤岩结构面轴向应力达到某一值时,煤岩结构面微凸起发生破裂,预示煤岩结构面损伤破坏。

表 3-3 煤岩结构面不同压缩位移时轴向应力

煤岩结构面压缩位移/mm	轴向应力/MPa		
	JGM-1	JGM-2	JGM-3
0.25	0.17	0.11	0.14
0.5	0.26	0.27	0.26
0.75		0.56	0.39
1		1.07	0.80
1.25			1.70

3.2.3 煤岩结构面单轴压缩破坏特征

由于此次单轴压缩试验的试样并非标准圆柱或方柱试样,且试样轴向尺寸较小,故此次试验的应力-应变曲线并未出现明显的应力峰值,微凸起厚度差异导致局部微凸起破坏诱发局部峰值应力,如图 3-9(c)所示,即厚度较大的微凸起先承受荷载,待其破坏后厚度较小的微凸起再承受荷载。

由表 3-2 和图 3-9 可以看出,当结构面压缩 0.5 mm 时,单轴抗压强度为 0.264 MPa,厚度较大的两个反放黏接的微凸起破坏,此时结构面基本没有破坏;当结构面压缩 1 mm 时,单轴抗压强度为 1.071 MPa,反放黏接的微凸起已呈块状破坏,正放黏接的两个微凸起稍微破坏,此时结构面已破坏,但正放黏接的微凸起基本没破坏;当结构面压缩 1.5 mm 时,单轴抗压强度为 3.067 MPa,反放黏接的微凸起已呈颗粒状破坏,正放微凸起也破坏,但破坏程度小于反放微凸起破坏程度,少许厚度较小的微凸起没有破坏。此时全部微凸起均已破坏,但正

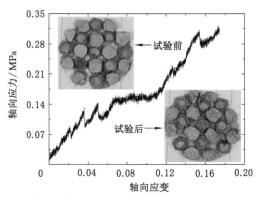

（a）压缩位移为 0.5 mm 时，结构面试验前后变化与应力-应变曲线

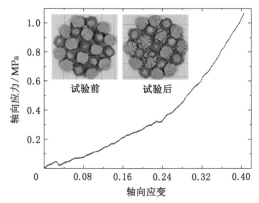

（b）压缩位移为 1.0 mm 时，结构面试验前后变化与应力-应变曲线

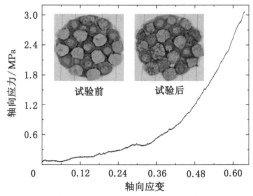

（c）压缩位移为 1.5 mm 时，结构面试验前后变化与应力-应变曲线

图 3-9　不同压缩距离结构面破坏情况与应力-应变曲线

反放黏接的微凸起破坏程度不同。如图 3-10 所示。

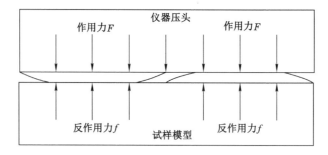

图 3-10　正反黏接微凸起微观受力示意图

　　煤岩结构面在压缩过程中,反放黏接的微凸起小截面具有部分无支撑的区域,此区域受压会先发生破坏,煤岩结构面在承受 3.067 MPa 的轴压后均已破坏,且反放微凸起比正放微凸起破坏严重,三次试验得出的应力-应变曲线虽无明显的峰值,但根据试验后的微凸起破坏情况可判断轴压为 0.264 MPa 时,煤岩结构面局部微凸起破裂,整体较完整,处于初始破裂阶段,当轴压达到 1.071 MPa 时,煤岩结构面局部微凸起较完整,整体较破碎,处于弹塑性变形混合阶段,当轴压达到 3.067 MPa时,煤岩结构面微凸起全部破碎,破碎程度显著增加,处于完全塑性变形阶段。基于此,将结构面试样变形划分为弹性变形阶段、初始破坏阶段、完全破坏阶段,并将初始破坏阶段对应的轴压作为煤岩结构面的单轴抗压强度。

3.3　煤岩结构面一维冲击特性

　　试验主要通过霍普金森压杆(SHPB)测试技术,监测煤岩结构面在冲击前后的变化来分析结构面破坏情况,分析煤岩结构面的一维冲击应力-应变曲线,获取煤岩结构面一维冲击动载强度的角度效应和轴压效应。

3.3.1　一维冲击煤岩结构面试验方法

3.3.1.1　SHPB 试验装置

　　采用直径 50 mm 的霍普金森装置对煤岩组合体试样进行试验,子弹、入射杆和透射杆三者直径均为 50 mm、密度均为 7 850 kg/m³,长度分别为 400 mm、3 000 mm 和 3 000 mm,该装置结构示意图和实体图如图 3-11 所示。整个系统由轴向静压加载装置、压杆系统、动态信号测试分析仪、数据采集及处理系统等组成。轴向静压加载装置包括油缸、活塞与液压油进出口组成,油缸通过进油口与手动泵相连;压杆系统包括撞击杆、入射杆、透射杆及吸收杆;数据采集及处理系统包括电桥盒、应变放大器、动态信号采集分析系统。

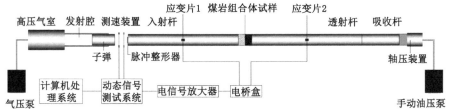

（a）SHPB 动态冲击试验装置结构示意图

气压控制器

隔离屏蔽变压器

（b）动荷载加压装置

计算机

激光测速仪

动态应变仪

（c）动态信号测试系统

轴压加载部件

手动油压泵

（d）轴向静载加压装置

图 3-11　SHPB 试验设备介绍

3.3.1.2 煤岩组合试样的制作

（1）煤岩材料选择

要使含结构面煤岩组合体试样在冲击试验中达到预想效果，需要研究煤、岩以及煤岩结构面的单轴抗压强度。本次选取强度较高的煤样，较易在冲击试验中加工倾斜截面，岩样选取青砂岩，强度较高。为减小各试验误差，将煤、岩各加工 3 个直径、高均为 50 mm 的圆柱试样，在 RMT150 试验仪器上试验，煤样和岩样的单轴抗压强度结果见表 3-4。

表 3-4　煤岩单轴抗压强度

试样种类	试样编号	单轴抗压强度/MPa	平均单轴抗压强度/MPa
煤样	M_1	32.657	29.704
	M_2	29.220	
	M_3	27.234	
岩样	Y_1	79.751	76.169
	Y_2	72.521	
	Y_3	76.234	

（2）煤岩试样加工

试验所用组合煤岩试样均由大块煤体和岩体加工而成，每个试样端面和圆周都进行磨床精密加工打磨，水平截面不平行度小于 0.02 mm，圆周与端面的不垂直度小于 0.02 mm。试样结构面的法向与轴向的夹角分别为 0°、15°、30°、45°、60°，每个角度 5 个试样，加工好的试样如图 3-12 所示。

图 3-12　加工成各种倾角后的煤岩试样

（3）煤、岩、结构面组合

加工好各倾角的煤岩试样后需要加工含结构面的煤岩组合体试样,其加工步骤如图 3-13 所示。具体步骤为:首先,将加工好岩样的倾角截面调平。倾角＜30°的岩样采取在底部垫物体;倾角≥30°的试样加工带底座的半圆柱筒,将岩样放在半圆柱筒内,然后斜躺在加工好的纸箱凹槽,使截面保持水平用水平仪测其平整度。其次,将研制的结构面黏在岩样倾角截面上,用水平仪检查平整度。然后,调整组合体试样的轴线重合度与平整度,将高度大于截面倾斜高度的圆管套在结构面上,保证煤岩试样轴线一致,然后用两端平行的夹具将黏接好的煤岩组合体试样两端夹平,此过程应轻轻拧紧上部螺栓以保证结构面不破坏。最后,检验试样端面平整度。将组合体试样放置水平台上,用水平仪检测黏接好的组合体试样是否合格。此过程中用水平仪检测平整度时,应在截面的各个方向都检测。

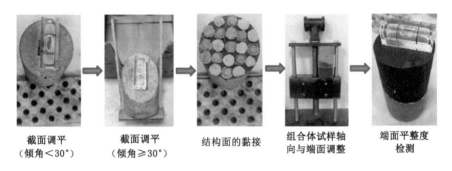

| 截面调平
（倾角＜30°） | 截面调平
（倾角≥30°） | 结构面的黏接 | 组合体试样轴
向与端面调整 | 端面平整度
检测 |

图 3-13　煤、岩、结构面组合体试样加工过程

3.3.1.3　试验前准备工作

（1）选择冲击波形

由前人研究可知,柱形撞击杆、柱锥形撞击杆、阶梯形撞击杆以相同冲击速度冲击所产生的入射波波形分别为矩形波、正弦波和阶梯状波形,本次试验采用柱状撞击杆[158]。典型的 SHPB 应力脉冲为矩形波且振荡幅度较大,很难将轴向惯性效应最小化,样品达到应力平衡的时间更长[159]。

试验时需在入射杆端部贴脉冲整形器,即采用直径 10 mm 厚度 1 mm 的紫铜片作为脉冲整形器。脉冲整形器的优点为:首先,可以对脉冲波进行整形以获得恒定的应变速率;其次,可以对应力脉冲进行平滑处理,进而削弱入射脉冲上经常出现的高频振荡问题;最后,延长了波形上升时间,有助于试样两端应力平衡[160-161]。

（2）确定轴压静荷载

根据煤岩结构面单轴压缩试验结果,设计 5 个轴向静荷载,其中结构面处于弹性阶段和破坏阶段的静荷载各取两个值,初始破坏阶段的静荷载取一个值。由于设计的静荷载较小,手动油泵油压表量程过大,故采用压力传感器对油压泵进行标定。当结构面倾角≥45°时,设计的静荷载会使结构面在冲击前发生滑移,故对结构面倾角≥45°的试样的静荷载在原设计值的基础上适当减小。压力传感器得到的轴压与轴压设计值,见表 3-5。

表 3-5 压力传感器标定油压泵结果

倾角	试验编号	直径/mm	高/mm	手动油压泵加压次数	压力传感器读数/N	轴压实际值/MPa	轴压设计值/MPa
0°	1	49.60	103.25	5	254	0.13	0.14
	2	50.20	102.45	8	567	0.29	0.26
	3	49.55	102.35	9	726	0.37	0.39
	4	49.20	102.40	12	1 536	0.78	0.80
	5	50.15	103.25	14	3 205	1.63	1.70
15°	1	49.35	103.45	5	254	0.13	0.14
	2	49.75	102.30	8	567	0.29	0.26
	3	50.15	102.35	9	726	0.37	0.39
	4	50.05	103.25	12	1 536	0.78	0.80
	5	49.45	102.30	14	3 205	1.63	1.70
30°	1	49.85	103.35	5	254	0.13	0.14
	2	49.90	103.30	8	567	0.29	0.26
	3	50.25	103.25	9	726	0.37	0.39
	4	49.25	102.20	12	1 536	0.78	0.80
	5	49.50	104.30	14	3 205	1.63	1.70
45°	1	49.40	101.20	5	254	0.13	0.14
	2	50.15	103.25	6	342	0.17	0.18
	3	49.35	102.35	7	445	0.23	0.22
	4	49.30	103.15	8	567	0.29	0.26
	5	49.50	103.35	9	726	0.37	0.39

表 3-5(续)

倾角	试验编号	直径/mm	高/mm	手动油压泵加压次数	压力传感器读数/N	轴压实际值/MPa	轴压设计值/MPa
60°	1	50.10	102.45	4	185	0.09	0.10
	2	49.25	102.35	5	254	0.13	0.14
	3	49.35	103.40	6	342	0.17	0.18
	4	50.15	103.05	7	445	0.23	0.22
	5	49.40	102.15	8	567	0.29	0.26

表 3-5 中压力转换应力的公式见式(3-1),轴压实际值与轴压设计值相差不大,轴向静荷载均按照轴压实际值进行测算。

$$\sigma = \frac{F}{A} \tag{3-1}$$

式中　σ——试样受到的轴向静荷载;

　　　F——传感器测得的压力的读数;

　　　A——试样两端截面面积。

(3)确定一维冲击速度

控制冲击速度可以使入射波波形尽可能一致,研究者们已在控制冲击速度的条件下进行过多次冲击试验,张磊等[162]将子弹速度控制在 4 m/s 以内,对 45°的水泥砂浆试件进行 SHPB 试验,研究了水泥砂浆节理面在压剪复合加载下的动态界面滑移特性;李淼等[163]采用三维激光扫描仪获得粗糙断面的三维数据,然后用纺锤形子弹以 5.0 m/s 的冲击速率对试样节理面进行 SHPB 冲击试验。

上述冲击速度的试验对象为整个组合体试样,试样在冲击后均破坏,本试验的对象是煤岩结构面且保证试样冲击后煤岩结构面破坏而煤、岩不破坏。由于岩样强度大于煤样,故试验前需确定煤样不被冲坏的速度。经多次试验得出在气泵气压为 0.2 MPa、子弹深度为 30 cm 时,冲击速度为 1.78 m/s,煤样未被冲坏,不同冲击速度冲击煤样情况如图 3-14 所示。

因为煤样强度＞煤岩结构面强度,所以煤岩结构面的冲击速度应小于煤样未破坏时的速度,因此确定煤岩结构面的气压值设为 0.2 MPa,子弹深度为 25 cm,此时冲击速度为 1.78 m/s,本次试验对各个倾角试样均采用此冲击速度进行冲击试验。

(4)摩擦效应的影响

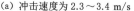

(a) 冲击速度为 2.3～3.4 m/s　　　　(b) 冲击速度为 1.6～2.2 m/s

图 3-14　不同冲击速度冲击后煤样破坏对比

当试样通过压缩应力波加载时,如果试样与杆的界面不润滑,泊松效应会使试样结构面产生径向膨胀从而产生的界面摩擦力可能会很大[164]。由于摩擦力对受压试样具有动态限制,试样不再均匀变形,其变形在末端最大,并向样品中心减小,从而影响测试结果的准确性[165]。为了减少界面摩擦效应,所有试样试验前均采用黄油涂抹试样两端面。

3.3.1.4　试验步骤

试验在固定冲击速度下进行,具体步骤为:

① 对试样编号并测量出试样直径,分别在入射杆和透射杆上贴应变片,将入射杆和透射杆的应变片分别通过导线连接到电桥盒上。

② 对霍普金森试验装置进行无试样试冲,检查压气枪的驱动装置和波形正常与否;通过子弹捅入深度和气压来确定冲击速度。

③ 动静组合冲击试验时,先把试样放入入射杆和透射杆中间,吸收杆、透射杆、轴向活塞三者接触。轴向加静荷载时,首先排净油压泵内的气体,然后开始控制手动泵进行加压,活塞会向试样方向移动,移动到一定位置开始与吸收杆接触,之后利用手动加压泵按照表 3-5 的轴压进行手动加压。此时,需要仔细检查入射杆、试样、透射杆以及活塞是否在同心轴线上。

④ 将试样加好静荷载后,按设计好的冲击速度冲击试样,保存数据并对冲击前后的试样进行拍照。

⑤ 试验完毕后,打扫试验台,手动泵卸压,活塞移动到原始位置。

3.3.2　煤岩结构面一维冲击强度特征

用二波法对采集的试验数据进行处理,计算组合体试样及结构面的应力、应变,进而得到应力-应变曲线,以结构面倾角30°为例,不同轴向静载组合体试样应力-应变关系曲线如图3-15(a)所示,将组合体应变中煤应变、岩应变去掉后得到不同轴向静载煤岩结构面应力-应变关系曲线,如图3-15(b)所示。图中可以看出,试样在冲击过程中所受的应力随着时间的推移而逐渐增大,达到峰值后再逐渐减小。随着应力的增大,试样应变也逐渐增大,经历了一个明显的弹性变形阶段,随后进入了塑性变形阶段。在塑性变形阶段,试样的应变增长速度明显加快,但应力的增长速度开始减缓,并在达到峰值后迅速减小。此外,在试样的应力-应变曲线中还观察到明显的应变硬化现象,即应变随着应力的增大而逐渐增大,表明试样的变形能力随着应力的增大而逐渐减弱。当结构面角度一定时,相同的冲击速率,不同初始轴向静载下,试件应变软化初期仍存在抵抗荷载的能力,使曲线呈现缓慢下降趋势,之后抵抗能力消失,应力迅速下降,材料表现出脆性特征。个别曲线在达到峰值应力后又出现反弹的现象,这是由于受冲击作用后完整性较好,与装置杆件未分离,在软化阶段再次受到反射波作用。

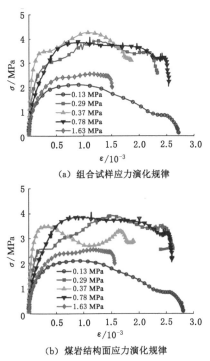

（a）组合试样应力演化规律

（b）煤岩结构面应力演化规律

图3-15　煤、岩、煤岩结构面组合体一维冲击应力演化规律

3.3.3 煤岩结构面一维冲击破坏特征

3.3.3.1 煤岩结构面倾角为 0°时结构面破坏情况

由图 3-16 的结构面截面图可知,静荷载为 0.80 MPa、1.70 MPa 时,冲击后结构面缝隙增大,且结构面有剥落现象。较低轴压情况下冲击结构面后,试样 1、2 未在结构面处发生断裂,随着轴压的增加,结构面破坏形式也由试样 3 的断裂破坏转化为试样 5 的粉碎破坏,轴压越大,煤岩结构面冲击破坏程度越明显。

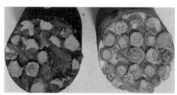

(a) 轴向静荷载为 0.14 MPa 冲击前后对比与结构面破坏情况

(b) 轴向静荷载为 0.26 MPa 冲击前后对比与结构面破坏情况

(c) 轴向静荷载为 0.39 MPa 冲击前后对比与结构面破坏情况

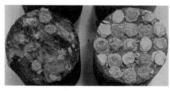

(d) 轴向静荷载为 0.80 MPa 冲击前后对比与结构面破坏情况

(e) 轴向静荷载为 1.70 MPa 冲击前后对比与结构面破坏情况

图 3-16 倾角为 0°的煤岩结构面受冲破坏特征

3.3.3.2 煤岩结构面倾角为 15°时结构面破坏情况

不同轴压下,冲击速度为 1.78 m/s 冲击后,组合体试样轴向变化、结构面破坏情况如图 3-17 所示。当静荷载为 0.39 MPa、0.80 MPa、1.70 MPa 时,试样在冲击后出现明显的剥落现象。此组倾角试样在卸压后,结构面均断开,但较 0° 相比,试样 4、5 破碎没有后者破坏严重,随着轴向静荷载的增加,相同动荷载作用下结构面微凸起依次出现未破坏、龟裂破坏、粉碎破坏状态,此时,结构面已经由静荷载破坏转化为动荷载破坏。

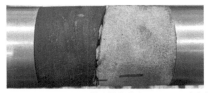

（a）轴向静荷载为 0.14 MPa 冲击前后对比与结构面破坏情况

（b）轴向静荷载为 0.26 MPa 冲击前后对比与结构面破坏情况

（c）轴向静荷载为 0.39 MPa 冲击前后对比与结构面破坏情况

（d）轴向静荷载为 0.80 MPa 冲击前后对比与结构面破坏情况

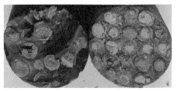

（e）轴向静荷载为 1.70 MPa 冲击前后对比与结构面破坏情况

图 3-17　倾角为 15°时不同轴向静载冲击效果

3.3.3.3 煤岩结构面倾角为 30°时结构面破坏情况

不同轴压下,冲击速度为 1.78 m/s 冲击后,组合体试样轴向变化、结构面破坏情况如图 3-18 所示。试样 3 由于黏接强度存在差异,在冲击后出现明显的滑落现象,而试样 5 在冲击后发生轻微滑移。由于试样 2 和试样 4 冲击后没有发生破坏,故可从试样 1、3、5 看出,结构面破坏程度随轴压的增大而增加,其中试样 3 破坏的微凸起数比试样 1 多,且多为剪切破坏,试样 5 则呈现受压破坏。

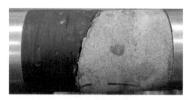

(a) 轴向静荷载为 0.14 MPa 冲击前后对比与结构面破坏情况

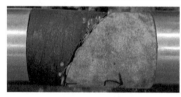

(b) 轴向静荷载为 0.26 MPa 冲击前后对比与结构面破坏情况

(c) 轴向静荷载为 0.39 MPa 冲击前后对比与结构面破坏情况

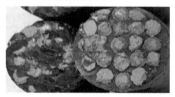

(d) 轴向静荷载为 0.80 MPa 冲击前后对比与结构面破坏情况

(e) 轴向静荷载为 1.70 MPa 冲击前后对比与结构面破坏情况

图 3-18 倾角为 30°时不同轴向静载冲击效果

3.3.3.4 煤岩结构面倾角为 45°时结构面破坏情况

不同轴压下,冲击速度为 1.78 m/s 冲击后,组合体试样轴向变化、结构面破坏情况如图 3-19 所示。除试样 2 外,所有试样在冲击后均发生了不同程度的滑移。且卸掉轴向静荷载后,所有试样在结构面处均断开。由结构面破坏情况可知,试样 4、5 冲击后含有微凸起碎屑,而前三个试样则能明显看出剪坏的微凸起。由此判断,倾角为 45°时,结构面以滑移剪切破坏为主。

(a) 轴向静荷载为 0.14 MPa 冲击前后对比与结构面破坏情况

(b) 轴向静荷载为 0.18 MPa 冲击前后对比与结构面破坏情况

 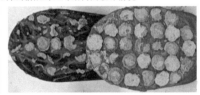

(c) 轴向静荷载为 0.22 MPa 冲击前后对比与结构面破坏情况

 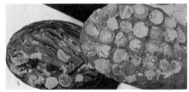

(d) 轴向静荷载为 0.26 MPa 冲击前后对比与结构面破坏情况

(e) 轴向静荷载为 0.39 MPa 冲击前后对比与结构面破坏情况

图 3-19　倾角为 45°时不同轴向静载冲击效果

3.3.3.5　煤岩结构面倾角为 60°时结构面破坏情况

不同轴压下,冲击速度为 1.78 m/s 冲击后,组合体试样轴向变化、结构面破坏情况见图 3-20。由图 3-20 可知,由于结构面黏接强度存在差异,试样 2 和试样 4 在冲击后未出现滑落现象,且滑移现象亦不明显。试样 1 冲击后由于煤样较轻,且煤样端面黄油与透射杆存在较小吸附力,故冲击后岩样掉落,煤样未掉落。由于此组试样静荷载与前四组不同,故试样 4、5 结构面没有 45°破坏严重。

(a) 轴向静荷载为 0.10 MPa 冲击前后对比与结构面破坏情况

(b) 轴向静荷载为 0.14 MPa 冲击前后对比与结构面破坏情况

(c) 轴向静荷载为 0.18 MPa 冲击前后对比与结构面破坏情况

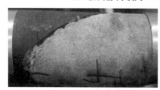

(d) 轴向静荷载为 0.22 MPa 冲击前后对比与结构面破坏情况

(e) 轴向静荷载为 0.26 MPa 冲击前后对比与结构面破坏情况

图 3-20　倾角为 60°时不同轴向静载冲击效果

3.4 受冲煤岩结构面损伤特性

为研究不同静荷载情况下相同速度冲击试样后煤岩结构面的力学性质,在结构面不同破坏阶段做直剪试验以得到结构面各个破坏阶段对应的 C、φ 参数。通过施加不同的法向荷载,对煤岩结构面平推剪切,得到每个法向应力作用下的剪切强度,进而根据摩尔-库仑理论获得煤岩结构面的内摩擦角和内聚力。

3.4.1 煤岩结构面恒压直剪试验方法

3.4.1.1 试验设备

① 直剪仪。如图 3-21(a)所示,直剪仪采用电液伺服控制系统控制法向荷载和剪切荷载;剪切执行机构和法向执行机构最大荷载分别为 10 t 和 5 t,精度为 0.01 kN;最大剪切行程和最大法向行程分别为 25 mm 和 24 mm,精度为 0.001 mm。

② 脱模仪。如图 3-21(c)所示,使用仪器时,先操作仪器使金属托盘下降,再把带有剪切环的试样放在金属托盘上,操作仪器使金属托盘上升脱出试样,最后下降金属托盘取出剪切环。

③ 其他设备。游标卡尺、量杯、黄油、水平仪、记号笔等。

（a）直剪仪　　　　（b）计算机数据处理系统　　　　（c）脱模仪

图 3-21　GCTS RDS-200 直剪试验系统

3.4.1.2 试样制备

（1）煤岩界面组合体试样

根据国际岩石力学学会规范要求,先将试件加工成直径为 50 mm、高为 50 mm 的圆柱形岩石、煤试样,再通过结构面制作方法将煤岩结构面黏在岩样截面上。由于本次试验设计的法向应力较小,预计得到的剪切应力亦较小,将微凸起个数最多的一排标记为剪切方向可增加结构面的剪切强度,此做法亦能起到统一各剪切试样的剪切方向,减小实验误差的目的;最后黏接煤样,并用夹具将煤岩组合体试样的两端夹平,用水平仪检测各个方向的平行度,如图3-22所示。

试样两端夹平行　　　倾角平行方向检　　　倾角垂直方向检
　　　　　　　　　　测平整度　　　　　测平整度

图 3-22　煤岩组合体试样两截面整平图

（2）制作垫块

由于剪切环高度与组合体试样的结构面存在高度差,所以需要制作垫块。制作垫块时先用标准圆柱试样和硅胶做出模具,再把水泥和水按照比例搅拌好倒入磨具内。为防止浇筑水泥时,水泥会流入结构面内,故垫块的高度在剪切环高度与结构面的高度差的基础上增加 2 mm。做好的模具以及水泥垫块如图3-23所示。

图 3-23　垫块模具及试样垫块示意图

（3）制作剪切试样

将黄油均匀涂在剪切环内侧,黄油要适量,过多会使凝固后的试样在移动过程中发生滑移,对试验结果造成影响。在剪切环的侧面用记号笔标记剪切方向,然后将试样和垫块放进剪切环,使试样剪切方向与剪切环剪切方向一致,检查结构面是否高于剪切环,然后将速凝水泥和水按5∶1的比例搅拌均匀倒入剪切环内,水泥浆不能没过煤岩结构面。15 min 左右水泥初凝后,用橡皮泥铺在结构面周围,使橡皮泥厚度大于结构面厚度,放上金属垫环和上剪切环,用橡皮泥封住上剪切环的底部以防止水泥浆流出,建筑完成后实验室温度和湿度条件下养护 2 h,如图 3-24 所示。

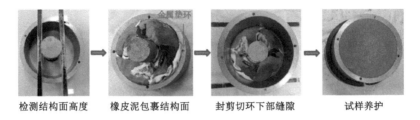

检测结构面高度　　橡皮泥包裹结构面　　封剪切环下部缝隙　　试样养护

图 3-24　剪切试样加工过程

3.4.1.3　加载法向荷载

此次试验依据结构面 5 个压缩位移的轴向应力确定静荷载以及法向应力,考虑到实验仪器施加法向荷载的精度较大、煤岩结构面的强度较小,故在结构面每个阶段取 3 个法向应力进行试验,主要研究煤岩结构面在弹性阶段、初始破坏阶段和完全破坏阶段的内聚力、内摩擦角的变化,其中初始破坏阶段和完全破坏阶段的法向应力设计值为静荷载加载、经 1.78 m/s 冲击速度冲击后的取值。故结合上面抗压强度设计结构面在各阶段的静荷载和法向应力(表 3-6)。

表 3-6　煤岩结构面各阶段的静荷载及法向应力设计

煤岩结构面 所处阶段	静荷载设计值 /MPa	法向应力设计值/MPa		
		第一次法向应力	第二次法向应力	第三次法向应力
弹性阶段	0	0.14	0.26	0.39
初始破坏阶段	0.37	0.14	0.39	1.70
完全破坏阶段	1.63	0.14	0.39	1.70

3.4.1.4　试验步骤

上剪切盒的质量为 27.27 kg,其自重对煤岩结构面产生的应力为 0.139 MPa。该因素对试验结果的影响不可忽略,故施加法向荷载时,在原来设计值的基础上减去结构面上部自重产生的应力。结合表 3-6 可知,第一次施加的法向应力取值为 0.001 MPa,考虑到实验仪器的精度,将弹性阶段法向应力设置为 0.1 MPa,此时理论法向应力为 0.239 MPa,结构面处于弹性阶段。

具体步骤为:① 试验前先对试验步骤进行编程,其中包括法向荷载、法向加载速率、剪切速率、最终剪切位移的设置等;② 将养护好的剪切试样取出金属垫环后,放入下剪切盒内,使剪切环的剪切方向与仪器的剪切方向一致;③ 输入组合体试样尺寸,按照法向荷载取值、法向加载速率为 0.002 mm/s、剪切速率为

1 mm/min、最终剪切位移为 10 mm 的程序进行剪切试验,实验过程中,要注意法向加载的压头要与上剪切盒的受压头对齐,记录剪坏时的结构面剪切应力;④ 取出剪坏后的试样,清理橡皮泥,用脱模器将剪坏的试样脱出,标记试样编号,对试样进行拍照,准备做下一试样。

对二、三组进行直剪试验时,应将冲击后的结构面量取厚度,并且保留冲击后结构面原状。施加法向荷载时,先使法向位移达到冲击试验后的结构面位移变形量,再按照原法向应力设计方案加载法向应力。

3.4.2 受冲煤岩结构面直剪强度参数

3.4.2.1 弹性煤岩结构面剪切试验

每个法向应力对应的剪切应力-剪切位移曲线如图 3-25 所示。根据原始数据和图 3-25 可以得出结构面每个破坏阶段对应的剪切应力(表 3-7)。由图 3-25 可知,三条曲线在剪切应力达到峰值前均急剧上升,峰值之后剪切应力均有明显下降,其中 MY-1 试样对应的应力曲线到达峰值后骤降不明显,峰值后出现震荡现象是由于试验过程中法向应力过小导致。

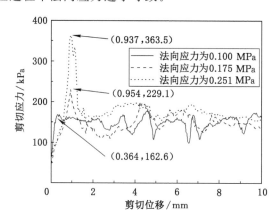

图 3-25　静荷载为 0 MPa 时,未冲击三法向应力下剪切应力-剪切位移曲线

表 3-7　静荷载为 0 MPa 时不同法向应力作用下的剪切强度

试样编号	试样直径 /mm	试样高 /mm	结构面厚度 /mm	理论法向应力 /MPa	实际法向应力 /MPa	切向应力 /MPa
MY-1	49.30	102.45	2.45	0.24	0.100	0.162 6
MY-2	49.20	102.35	2.40	0.31	0.175	0.229 1
MY-3	49.33	103.40	2.35	0.39	0.251	0.363 5

3.4.2.2 静荷载为 0.37 MPa 冲击后剪切试验

每个法向应力对应的剪切应力-剪切位移曲线如图 3-26 所示。根据原始数据和图 3-26 可以得出结构面每个破坏阶段对应的剪切应力(表 3-8)。由图 3-26 可知,法向应力为 1.561 MPa 对应的曲线在剪切应力达到峰值前均急剧上升,法向应力为 0.1 MPa 和 0.251 MPa 对应的曲线缓慢上升,峰值之后剪切应力有明显下降。由于 MY-4 试样法向应力过小,试样剪切过程中存在偏压,所以导致曲线峰值之后又出现剪切应力大于峰值强度的现象。

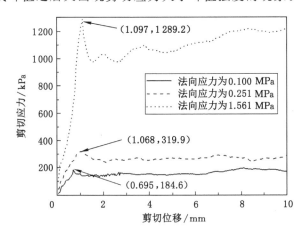

图 3-26 静荷载为 0.37 MPa 时,冲击后三法向应力下剪切应力-剪切位移曲线

表 3-8 静荷载为 0.37 MPa 时不同法向应力作用下的剪切强度

试样编号	试样直径/mm	试样高/mm	冲击前结构面厚度/mm	冲击后结构面厚度/mm	理论法向应力/MPa	实际法向应力/MPa	切向应力/MPa
MY-4	49.35	102.35	2.45	1.30	0.24	0.100	0.184 6
MY-5	50.25	102.35	3.10	2.10	0.39	0.251	0.319 9
MY-6	49.20	103.15	2.25	2.20	1.70	1.561	1.289 2

3.4.2.3 静荷载为 1.63 MPa 冲击后剪切试验

各自法向应力对应的应力-位移曲线如图 3-27 所示。根据原始数据和图 3-27 可以得出结构面每个破坏阶段对应的剪切应力(表 3-9)。由图 3-27 可知,法向应力为 0.1 MPa 和 0.251 MPa 对应的应力曲线峰值比较接近,法向应力为 1.561 MPa 对应的剪切曲线初始值达到了 0.2 MPa,其主要原因是结构面已经处于完全破坏状态,较大的法向应力产生了静摩擦力。

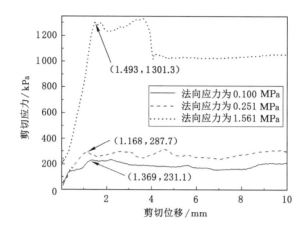

图 3-27　静荷载为 1.63 MPa 时，冲击后三法向应力下剪切应力-剪切位移曲线

表 3-9　静荷载为 1.63 MPa 时不同法向应力作用下的剪切强度

试样编号	试样直径/mm	试样高/mm	冲击前结构面厚度/mm	冲击后结构面厚度/mm	理论法向应力/MPa	实际法向应力/MPa	切向应力/MPa
MY-7	49.35	103.05	3.15	1.40	0.24	0.100	0.231 1
MY-8	49.30	103.35	3.05	2.30	0.39	0.251	0.287 7
MY-9	49.20	102.35	2.35	2.05	1.7	1.561	1.301 3

3.4.3　受冲煤岩结构面强度损伤特性

3.4.3.1　弹性煤岩结构面剪切试验

由图 3-28 可以看出法向应力为 0.1 MPa 和 0.175 MPa 时，结构面处于受压弹性阶段，剪切后 MY-1 试样的岩样截面右侧微凸起发生剪切破坏，MY-2 试样剪坏的微凸起数明显多于 MY-1 试样，煤样部分存在块状剪切破坏的微凸起；法向应力为 0.251 MPa 时，结构面处于受压初始破坏阶段，在岩样截面上剪切方向处有明显破坏，煤样截面存在颗粒状剪切破坏的微凸起。

3.4.3.2　静荷载为 0.37 MPa 冲击后剪切试验

由图 3-29 可以看出法向应力为 0.1 MPa 时，MY-4 试样结构面剪切后的煤、岩截面上均有结构面破坏后的碎屑，较图 3-28 的 MY-1 试样结构面破坏严重；法向应力为 0.251 MPa 时，MY-5 试样结构面在煤、岩截面上有颗粒状碎屑，在岩样截面上剪切方向处的微凸起明显破坏；法向应力为 1.561 MPa 时，微凸起全部被剪切成粉末状。

（a）法向应力为 0.1 MPa　　　　　（b）法向应力为 0.175 MPa

（c）法向应力为 0.251 MPa

图 3-28　静荷载为 0 MPa 时，未冲击结构面在三个法向应力下的剪切破坏

（a）法向应力为 0.1 MPa　　　　　（b）法向应力为 0.251 MPa

（c）法向应力为 1.561 MPa

图 3-29　静荷载为 0.37 MPa 时，未冲击结构面在三个法向应力下的剪切破坏

3.4.3.3　静荷载为 1.63 MPa 冲击后剪切试验

由于在剪切试验前结构面在静载作用下已经处于完全破坏状态，故由图 3-30 知法向应力在 0.1 MPa 时，结构面从微凸起中部剪坏，分布在煤、岩界面上；法向应力为 0.251 MPa 时，在岩样界面上剪切方向处的微凸起明显破坏，并

且煤样界面有剪切痕迹;法向应力为 1.561 MPa 时,裸露的少部分煤样稍微发生破坏,截面上的微凸起全部被剪坏。

(a) 法向应力为 0.1 MPa　　　　　(b) 法向应力为 0.251 MPa

(c) 法向应力为 1.561 MPa

图 3-30　静荷载为 1.63 MPa 时,未冲击结构面在三个法向应力下的剪切破坏

3.4.3.4　煤岩结构面内聚力、内摩擦角变化规律

在法向应力施加较小时,对应的剪切应力亦较小,且剪切应力随着剪切位移的增加而增加;结构面处于弹性阶段和初始破坏阶段时,在各个法向应力作用下,结构面在剪切位移为 1 mm 左右时均已发生剪切破坏,结构面处于弹性阶段和初始破坏阶段时,剪切应力以克服结构面强度为主。结构面在剪切位移为 1.5 mm 左右时发生剪切破坏,处于完全破坏阶段,剪切应力克服静摩擦力为主。获得不同静载下冲击后结构面剪切强度-法向应力,如图 3-31 所示。

随着冲击前静荷载的增加,结构面因不同程度的破坏而得出的内聚力、内摩擦角不相同,但由于结构面受到了冲击荷载,导致结构面破坏程度相似,结构面破坏阶段的内聚力、内摩擦角变化不大。当结构面处于弹性阶段、初始破坏阶段、完全破坏阶段对应的内聚力为 0.018 MPa、0.117 MPa、0.130 MPa,呈递增趋势;而内摩擦角分别为 52.96°、36.94°、36.80°,呈递减趋势。这说明结构面破坏后在静荷载较小时,结构面在法向应力作用下呈块状破坏,剪切试验时,破碎成块状的微凸起以滚动的运动方式产生滑动位移,此时内聚力以微凸起强度为主,微凸起破坏成块状后的内摩擦角较大;而静荷载较大时,结构面在法向应力作用下呈颗粒状破坏,剪切试验时,破碎颗粒状的微凸起以滑动方式产生滑动位移,此时内聚力以静摩擦力为主,微凸起破坏成颗粒状后的内摩擦角较小。

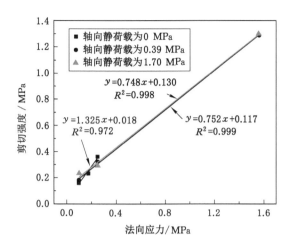

图 3-31　不同静荷载冲击煤岩结构面后剪切强度-法向应力曲线

3.5　本章小结

本章围绕煤岩结构面承载损伤力学行为,综合采用物理模拟、室内实验、理论分析的研究方法,开展了煤岩结构面单轴抗压特性分析、煤岩结构面一维冲击特性分析以及受冲煤岩结构面损伤特性分析,具体内容如下:

① 提出了煤岩结构面物理相似模型重构方法。对自然条件下煤岩结构面的不规则起伏形状简化为正弦波形状,提出了微凸起是由两参数相同的正弦波在峰值处垂直相交组合而成的理想化形状。在此基础上,研制出微凸起模具数字模型,并采用 3D 打印技术制作出微凸起物理模型,同时采用相似材料制作出单个微凸起物理模型。以速凝水泥为微凸起相似材料,以微凸起正反相间放置黏接模拟自然条件下煤岩结构面高低起伏的特性,采用在标准试样截面上布满微凸起的方法模拟煤岩结构面,建立了煤岩结构面相似模型。

② 开展了煤岩结构面相似模型小位移单轴压缩试验,当压缩位移为 0.5 mm、1.0 mm、1.5 mm 时,煤岩结构面的轴向压缩应力分别为 0.264 MPa、1.071 MPa、3.067 MPa,根据试样微凸起的破坏情况发现了微凸起反放黏接比正放黏接先破坏。可判断轴压为 0.264 MPa 时,煤岩结构面局部微凸起破裂,整体较完整,处于初始破裂阶段;当轴压达到 1.071 MPa 时,煤岩结构面局部微凸起较完整,整体较破碎,处于弹塑性变形混合阶段;当轴压达到 3.067 MPa 时,煤岩结构面微凸起全部破碎,破碎程度显著增加,处于完全塑性变形阶段。基于此,将结构面试样变形划分为弹性变形阶段、初始破坏阶段、完全破坏阶段、

并将初始破坏阶段对应的轴压作为煤岩结构面的单轴抗压强度。

③ 开展了煤岩结构面一维冲击破坏试验，结构面倾角较小时，微凸起以受压破坏为主，倾角较大时以受剪破坏为主；当结构面倾角为 45°、60°时，部分煤岩组合体试样在冲击后会发生滑移、滑落现象。随着轴向静荷载的增加，相同动荷载作用下结构面微凸起依次出现未破坏、龟裂破坏、粉碎破坏状态。冲击后结构面缝隙增大，且结构面有剥落现象。较低轴压情况下冲击结构面后，试样未在结构面处发生断裂，随着轴压的增加，结构面破坏形式也由断裂破坏转化为粉碎破坏，轴压越大，煤岩结构面冲击破坏程度越明显。

④ 同一动静荷载组合作用下，随着法向应力的增加，微凸起被剪坏的数量逐渐增加，其破坏状态也由块状转化为颗粒状，煤岩结构面在剪切方向上剪切痕迹逐渐明显。三组试样在相同法向应力条件下，随着静荷载的增加破坏形式由无静荷载时的剪切破坏为主转化为动静载冲击后的受压破坏为主，煤岩结构面抗剪强度随着静荷载的增加而增加。煤岩结构面处于弹性阶段时，内聚力为 0.018 MPa，内摩擦角为 52.96°；处于初始破坏阶段时，内聚力为 0.117 MPa，内摩擦角为 36.94°；处于完全破坏阶段时，内聚力为 0.130 MPa，内摩擦角为 36.80°。随着静荷载的增加，煤岩结构面内聚力由 0.018 MPa 增加到了 0.130 MPa，而内摩擦角由 52.96°减小到了 36.80°。冲击后的结构面破坏程度相近，结构面的破坏程度对其内聚力、内摩擦角起到关键作用。

4 煤岩结构面扰动应力波透射规律

4.1 应力波透射煤岩结构面试验方法

试验主要通过霍普金森压杆(SHPB)测试技术,测试煤岩结构面在不同倾角下的波形衰减性质,获取入射波和透射波,分析波形衰减规律。本次 SHPB 试验在以下基本假设下进行[166-167]:① 在杆中传播的波可以通过一维应力波传播理论来描述;② 试验过程中的惯性效应和界面摩擦效应可以忽略不计;③ 试样处于应力平衡状态。

4.1.1 SHPB 激发应力波透射煤岩结构面试验方案

4.1.1.1 SHPB 一维应力波激发原理

单次冲击试验时,试样首先在轴压加载装置作用下产生试样所需的静荷载,然后启动应力波发生装置,冲头撞击弹性杆,产生一定形状的加载应力波,应力波沿输入杆传播,在试样与弹性杆界面发生反射和透射,反射应力波折回输入杆,透射应力波继续前进,进入输出杆,应变仪通过粘贴在输入杆和输出杆上的应变片采集瞬态信号,并将信号传入微机系统进行处理。两应变片监测的分别是入射杆和透射杆的电压信号,单个试样电位-时间曲线如图 4-1 所示。

由图 4-1 可知,由于含结构面的煤岩组合体试样高度在 102 mm,且冲击速度较小,故透射波与反射波相比,出现略微延迟现象,入射波在结束位置时产生较小波动,与透射波结束位置存在时间差。

4.1.1.2 入射波尾波动解释[167]

当子弹 A 撞击入射杆 B 时,分别在子弹 A 和入射杆 B 中产生右行和左行的弹性应力波,如图 4-2 所示。

此时子弹 A 和入射杆 B 的压缩应力为:

$$\begin{cases} \sigma_A = \rho_1 c_1 (v - v_A) \\ \sigma_B = \rho_2 c_2 v_B \end{cases} \tag{4-1}$$

式中　v_A——子弹 A 中质点的速度;

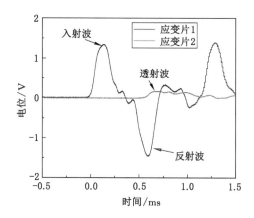

图 4-1　SHPB 测试的入射、反射和透射电压信号图

σ_s—轴向外荷载。

图 4-2　静载作用下的入射杆被子弹撞击示意图

v_B——入射杆 B 中质点的速度；

σ_A——子弹 A 中产生的动态压缩应力；

σ_B——入射杆 B 中产生的动态压缩应力；

c_1，c_2——波形传播的波速。

当右行的应力波传播至子弹 A 右端时，会产生无应力但具有一定速度的卸载波，撞击瞬态波的特征线图如图 4-3 所示。

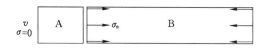

图 4-3　撞击瞬态波的特征线图

在撞击界面处，两质点速度和应力相同。入射杆 B 在应力波加载之前，存在一定的静载压缩预应力，产生一个与静载压力大小相等、方向相反的卸载拉伸波，所以入射波在结束时产生了波动。

4.1.1.3　试验方案

试验采用 3.3.1 节的试验方案，在保证煤岩结构面两侧煤样和岩样弹性变形的基础上开展煤岩结构面透射应力波特性试验。试验内容包括纯煤样、纯岩样的一维应力波透射规律研究,煤、岩及煤岩结构面组合试样的一维应力波透射规律研究,揭示倾角、轴压对煤岩结构面透射应力波的影响规律。

4.1.2　一维应力波透射煤岩试样透射系数的衰减特性

为得到应力波穿过煤岩结构面后衰减的变化,需通过试验得出应力波穿过煤岩试样的衰减情况。将煤、岩加工成直径、高均为 50 mm 的圆柱试样,施加不同轴向静荷载对其进行冲击试验,试验时冲击速度与轴向静荷载与煤岩组合体试样相同。不同轴向静荷载冲击前后水平结构面对比如图 4-4 所示。

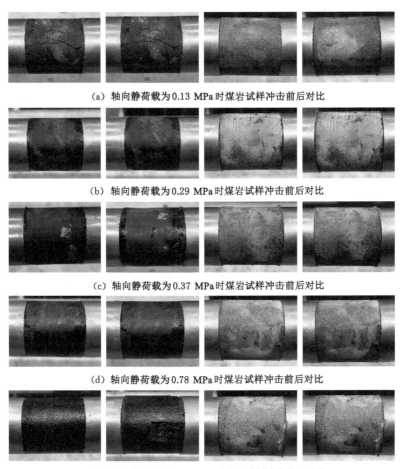

（a）轴向静荷载为 0.13 MPa 时煤岩试样冲击前后对比

（b）轴向静荷载为 0.29 MPa 时煤岩试样冲击前后对比

（c）轴向静荷载为 0.37 MPa 时煤岩试样冲击前后对比

（d）轴向静荷载为 0.78 MPa 时煤岩试样冲击前后对比

（e）轴向静荷载为 1.63 MPa 时煤岩试样冲击前后对比

图 4-4　煤岩试样冲击前后对比

　　煤样在 0.78 MPa 轴向静荷载下，经 1.78 m/s 速度冲击后，在试样中间出现细小裂缝，但煤样整体未破坏；在 1.63 MPa 轴向静荷载下，相同速度冲击后，煤样发生小部分破坏。岩样在各轴向静荷载下冲击后，试样均未破坏，且岩样透射波峰值明显大于煤样透射波峰值。将煤岩试样冲击后监测的电信号转化为微应变信号，再经数据处理后得出入射波、透射波波形如图 4-5 所示。

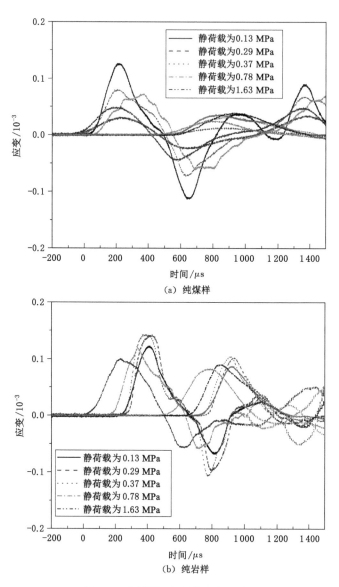

图 4-5　纯煤样、纯岩样冲击后波形

　　试验得出的入射波和透射波波形基本正常,整体来看,煤样入射波峰值略小于岩样,透射波峰值远小于岩样。随着轴压的增加,煤样入射波峰值整体呈减小趋势,岩样入射波峰值呈先增加后减小趋势,且二者透射波变化趋势与入射波相同。由于冲击岩样试验时冲击速度不稳定,故而造成入射波起始位置有差别。将图4-5中的入射波、透射波峰值汇于表4-1,可获得一维应力波透射纯煤、纯岩试样的透射系数(表4-2)。冲击速度和静荷载一致情况下,岩样透射系数明显比煤样透射系数大;且随着静荷载的增加,煤样、岩样的透射系数均呈现增长趋势。

表 4-1　0°倾角下,各轴压煤岩试样入射波和透射波的峰值汇总

类别		轴压				
		0.13 MPa	0.29 MPa	0.37 MPa	0.78 MPa	1.63 MPa
煤样	入射波	0.125	0.031	0.078	0.048	0.048
	透射波	0.035	0.012	0.030	0.024	0.024
岩样	入射波	0.122	0.141	0.141	0.101	0.101
	透射波	0.087	0.102	0.105	0.083	0.083

表 4-2　0°倾角下,各轴压煤岩试样的透射系数

类别	轴压				
	0.13 MPa	0.29 MPa	0.37 MPa	0.78 MPa	1.63 MPa
煤样透射系数	0.280	0.387	0.385	0.535	0.500
岩样透射系数	0.713	0.723	0.745	0.748	0.822

4.1.3　一维应力波透射煤岩结构面轴向静载效应

　　将不同轴向静荷载冲击后应变片监测的电信号乘增益系数125.046 89得到微应变信号。将相同倾角试样冲击后波形处理好绘于同一坐标系,如图4-6所示。当结构面倾角为0°、15°、30°时,不同静荷载下的入射波趋势基本吻合,透射波随着轴压的增加逐渐增大,冲击速度接近,入射波起点位置也相同。当结构面倾角为45°、60°时,含结构面的煤岩组合体试样在冲击后发生滑移、滑落,导致入射波、透射波峰值出现的时间存在差异,且此二者的入射波峰值明显小于前者。

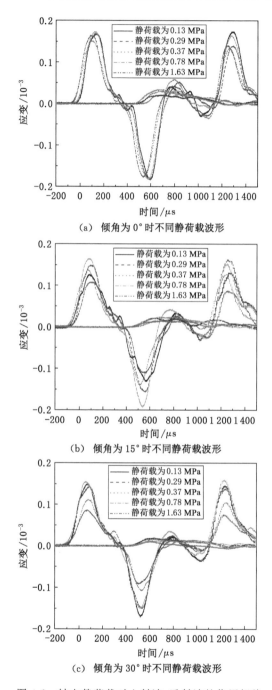

（a）倾角为 0° 时不同静荷载波形

（b）倾角为 15° 时不同静荷载波形

（c）倾角为 30° 时不同静荷载波形

图 4-6　轴向静荷载对入射波、透射波的作用规律

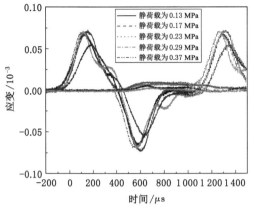

（d）倾角为45°时不同静荷载波形

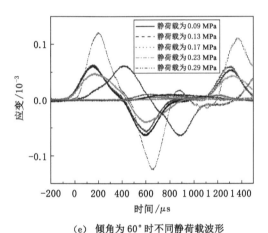

（e）倾角为60°时不同静荷载波形

图 4-6　（续）

4.1.4　一维应力波透射煤岩结构面入射角度效应

为了分析同一轴压不同倾角对入射波、透射波的影响，将不同倾角试样冲击试验时监测的电信号转化为微应变，然后同一轴压不同倾角的入射波、透射波绘于同一坐标系内，如图 4-7 所示。由于同一轴向静荷载条件下试验时间存在差异，导致冲击杆的冲击速度有少许误差，导致入射波有稍微差异。同一轴压下，随着倾角的增加，入射波峰值呈减小趋势，且入射波结束时间逐渐增加。

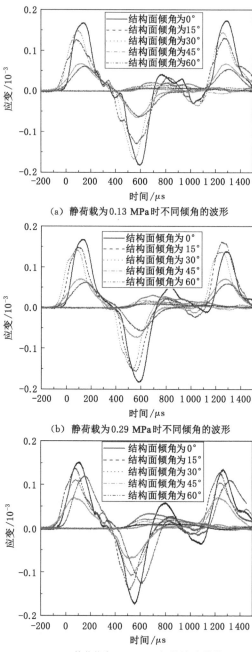

(a) 静荷载为0.13 MPa时不同倾角的波形

(b) 静荷载为0.29 MPa时不同倾角的波形

(c) 静荷载为0.37 MPa时不同倾角的波形

图 4-7　不同轴压的入射波、透射波形图

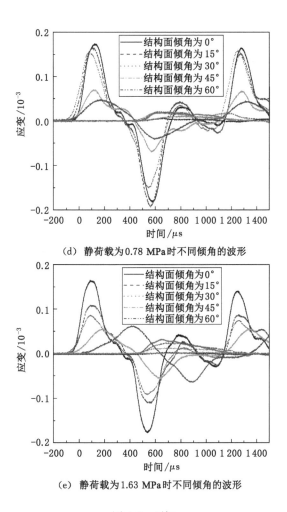

（d）静荷载为 0.78 MPa 时不同倾角的波形

（e）静荷载为 1.63 MPa 时不同倾角的波形

图 4-7　（续）

4.1.5　一维应力波透射煤岩结构面传播衰减特性

4.1.5.1　含结构面煤岩组合体试样入射波、透射波峰值和透射系数

　　将每个组合体试样入射波、透射波峰值汇总于表 4-3。入射波峰值随轴向静荷载的增加而减小，透射波峰值随轴向静荷载的增加而增加，煤岩结构面透射系数计算见式（4-2），借助于式（4-2），确定煤岩及结构面组合试样的透射系数（表 4-4）。其中 45°、60°倾角结构面的轴压与另外三个倾角不同，详细见表 3-5。

表 4-3　不同轴压和倾角下入射波、透射波峰值汇总

角度		轴压				
		0.13 MPa	0.29 MPa	0.37 MPa	0.78 MPa	1.63 MPa
0°	入射波	0.168	0.168	0.151	0.173	0.164
	透射波	0.021	0.030	0.033	0.020	0.032
15°	入射波	0.127	0.147	0.138	0.165	0.107
	透射波	0.015	0.015	0.022	0.022	0.024
30°	入射波	0.147	0.141	0.110	0.155	0.085
	透射波	0.010	0.018	0.017	0.018	0.013
45°	入射波	0.067	0.071	0.069	0.070	0.055
	透射波	0.008	0.009	0.010	0.006	0.003
60°	入射波	0.061	0.062	0.121	0.047	0.062
	透射波	0.005	0.011	0.009	0.010	0.004

$$T = \frac{\varepsilon_{im}}{\varepsilon_{tm}} \tag{4-2}$$

式中　T——煤岩组合体透射系数；

　　　ε_{im}——入射波微应变最大值；

　　　ε_{tm}——透射波微应变最大值。

表 4-4　不同轴压、倾角对应的组合体试样透射系数

角度	轴压				
	0.13 MPa	0.29 MPa	0.37 MPa	0.78 MPa	1.63 MPa
0°	0.125	0.179	0.218	0.116	0.195
15°	0.118	0.102	0.159	0.133	0.224
30°	0.068	0.128	0.154	0.116	0.153
45°	0.119	0.127	0.145	0.086	0.054
60°	0.082	0.177	0.074	0.213	0.064

4.1.5.2　煤岩结构面透射系数和衰减系数

表 4-2 和表 4-4 为煤岩试样透射系数和含结构面组合体试样透射系数，若三者透射系数按式(4-3)表示，则煤岩结构面透射系数则可由式(4-3)得到。

$$T = T_1 T_2 T_3 \tag{4-3}$$

式中 T——煤岩以及结构面组合试样的透射系数;

　　　　T_1——纯岩样的透射系数;

　　　　T_2——煤岩结构面的透射系数;

　　　　T_3——纯煤样的透射系数。

　　本次试验只对无倾角煤样、岩样进行冲击试验,而带倾角煤样、岩样体积与无倾角煤样、岩样相同,所以此处假设带倾角煤样、岩样透射情况与无倾角煤样、岩样透射情况相同。由式(4-3)和表4-4可得出试样无倾角时,不同轴压下煤岩结构面透射系数。在上述假设下,采用相同的方法,可计算出不同情况下的煤岩结构面透射系数。因结构面倾角为45°、60°时,透射系数对应的轴压与其他倾角不同,需拟合出各倾角每种轴压下的透射系数,确定煤岩结构面透射系数(表4-5)。

表 4-5　煤岩结构面透射系数

角度	轴压							
	0.09 MPa	0.13 MPa	0.17 MPa	0.23 MPa	0.29 MPa	0.37 MPa	0.78 MPa	1.63 MPa
0°	0.627	0.626	0.627	0.631	0.640	0.760	0.290	0.475
15°	0.787	0.591	0.467	0.381	0.365	0.554	0.332	0.545
30°	0.321	0.341	0.366	0.409	0.458	0.537	0.290	0.372
45°	0.737	0.596	0.454	0.506	0.215	0.131	0.272	0.059
60°	0.411	0.633	0.258	0.532	0.156	0.215	0.285	0.516

　　基于MATLAB软件中Hermite插值方法和表4-5,采用三次样条插值函数绘出煤岩结构面在各轴压、倾角下的透射系数三维云图,如图4-8所示。

　　结合轴压为0.264 MPa时煤岩结构面开始破坏这一结论,由表4-5和图4-8可知,随着轴向静荷载的增加,① 倾角为0°、30°时,煤岩结构面透射系数整体呈现先上升后下降趋势。由于煤岩结构面轴压小于0.37 MPa时,在动荷载的作用下,结构面由整体发展成块状破坏过程中,破碎微凸起没有脱落,煤、岩与煤岩结构面接触面积逐渐增加,透射系数逐渐增加;轴压大于0.37 MPa时,煤岩结构面有部分破碎的微凸起脱落,接触面积减少,透射系数减小。② 倾角为15°时,煤岩结构面透射系数整体呈现先下降后上升趋势。由于煤岩结构面轴向静荷载增至0.37 MPa过程中,在动荷载的作用下,结构面内部出现块状破坏,块状破坏微凸起包含在未破坏微凸起中间未脱落,在应力波传播过程中消耗能量,

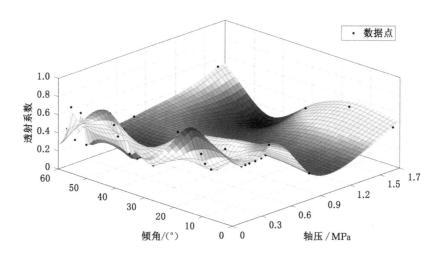

图 4-8　煤岩结构面在各轴压、倾角下的透射系数三维云图

所以透射系数逐渐减小;轴压继续增加,微凸起由块状破坏变为颗粒状夹在煤岩中,微凸起消耗的能量减少,透射系数增加。③ 倾角为 45°时,煤岩结构面透射系数整体呈现下降的趋势。由于煤岩结构面在此角度开始具有滑移趋势,随着轴压的增加,煤、岩产生的相对滑移趋势越明显,静摩擦力越来越大,抵抗静摩擦力消耗的能量也越来越大,故透射系数越来越小。倾角为 60°时,透射系数呈现先上升后下降再上升的趋势。由于试样 2、4 结构面黏接强度与其他试样存在差异,结构面冲击后没有破坏,抵抗滑移而消耗的能量较多,透射系数较大。

　　随着倾角的增加:① 0.09 MPa 轴压下透射系数无明显规律;0.13 MPa、0.23 MPa 轴压下,透射系数呈现先减小后增加趋势。倾角达到 30°之前,静摩擦力逐渐增加,抵抗静摩擦力消耗的能量逐渐增加,透射系数逐渐减小,达到 30°后煤、岩会发生相对滑移趋势,静摩擦力转换为动摩擦力,倾角越接近 60°,抵抗动摩擦力消耗的能量逐渐减小,透射系数逐渐增大。② 0.17 MPa 、0.29 MPa、0.37 MPa 轴压下,透射系数整体呈减小趋势。倾角越大,结构面截面越大,接触面增加,摩擦力增大,应力波穿过结构面时沿结构面方向分解的能量越大,透射系数越小。③ 0.78 MPa、1.63 MPa 轴压下,透射系数呈先增加后减小再增加的趋势,45°时透射系数最小。轴压和倾角都大时,结构面破碎较严重,黏接力减小,易发生滑移破坏,消耗的能量也随之减小,透射系数增大。

　　总的来说,倾角小于 45°时,轴压对透射系数影响较大,大于 45°时,倾角对透射系数影响较大。

4.1.5.3 煤岩结构面透射系数与轴压、倾角的函数关系

使用 MATLAB 软件中拟合函数功能,选用多项式拟合方法拟合出特定倾角下透射系数与轴向静荷载关系,特定轴向静荷载下透射系数与倾角的函数关系,拟合后的关系式见式(4-4)和式(4-5)。

$$T_\beta = \begin{cases} -2.7 \times 10^{-5}(\beta-0)^3 - 0.000\,4(\beta-0)^2 + 0.030\,6(\beta-0) + 0.36 & \beta \in [0°,15°] \\ 5.51 \times 10^{-5}(\beta-15)^3 - 0.000\,4(\beta-15)^2 + 0.635 & \beta \in [15°,30°] \\ 12 \times 10^{-5}(\beta-30)^3 + 0.002\,818(\beta-30)^2 + 0.542 & \beta \in [30°,45°] \\ -6.83 \times 10^{-6}(\beta-45)^3 - 5.73 \times 10^{-5}(\beta-45)^2 + 0.006\,33(\beta-45) + 0.785, & \beta \in [45°,60°] \end{cases}$$

$$(4\text{-}4)$$

$$T_P = \begin{cases} 3.345(P-0.09)^3 - 1.499(P-0.09)^2 - 0.448(P-0.09) + 0.679 & P = [0.09\ \text{MPa}, 0.13\ \text{MPa}] \\ 8.087(P-0.13)^3 - 1.823(P-0.13)^2 - 0.552(P-0.13) + 0.659 & P = [0.13\ \text{MPa}, 0.17\ \text{MPa}] \\ 5.02(P-0.17)^3 - 1.359(P-0.17)^2 - 0.659(P-0.17) + 0.635 & P = [0.17\ \text{MPa}, 0.23\ \text{MPa}] \\ -5.781(P-0.23)^3 - 0.511(P-0.23)^2 - 0.768(P-0.23) + 0.591 & P = [0.23\ \text{MPa}, 0.29\ \text{MPa}] \\ 169.268(P-0.29)^3 - 14.739(P-0.29)^2 - 0.892(P-0.29) + 0.542 & P = [0.29\ \text{MPa}, 0.37\ \text{MPa}] \\ -7.167(P-0.37)^3 + 4.408(P-0.37)^2 + 0.463 & P = [0.37\ \text{MPa}, 0.78\ \text{MPa}] \\ -0.134(P-0.78)^3 + 0.71 & P = [0.78\ \text{MPa}, 1.63\ \text{MPa}] \end{cases}$$

$$(4\text{-}5)$$

式中　T_β——透射系数与煤岩结构面倾角的函数关系;

　　　T_P——透射系数与煤岩结构面轴向静荷载的函数关系;

　　　β——煤岩结构面倾角;

　　　P——煤岩结构面轴向静荷载。

4.2　应力波透射煤岩结构面数值试验

4.2.1　含煤岩结构面有限元数值试验

FLAC[3D]是一款适用于岩土工程大变形的数值计算软件,本节采用软件自带的 interface 单元模拟煤岩结构面。煤岩结构面在不同倾角和轴向静荷载情况下施加动载应力波,透射过结构面的波形会呈现出不同的变化。

4.2.1.1　数值试验模型

为研究含结构面煤岩组合体动、静荷载下倾角和轴压对应力波传播的规律,本章采用 FLAC[3D] 软件对第 3 章得出的衰减规律进行验证。由于标准圆柱试样在边界处吸收波形效果较差,故本次数值模拟选择边长 50 mm、高 100 mm 的方柱试样。建立含 0°结构面方柱试样时,用四坐标法建立两个 50 mm 的立方体

模型,然后采用移来移去法增加分界面;建立倾角不为 0°的试样模型时,先计算出倾斜界面处的坐标,再用八坐标法建立含倾斜截面的煤样、岩样方柱模型,最后采用移来移去法增加分界面。为保证计算模型与冲击试验一致,共需建立各结构面倾角的试样模型。为使煤岩结构面显示清晰,将煤、岩部分网格关闭后各倾角组合体试样数值模型如图 4-9 所示。

(a) 含0°倾角结构面方柱试样　　　　　(b) 含15°倾角结构面方柱试样

(c) 含30°倾角结构面方柱试样　　　　　(d) 含45°倾角结构面方柱试样

(e) 含60°倾角结构面方柱试样

图 4-9　试样数值计算模型三维图

4.2.1.2　模型参数

方柱形模型由三部分组合而成,分别为岩石部分、煤岩结构面部分和煤部分,煤、岩体部分均为标准试样的 1/2,结构面无实体厚度,煤岩组合体数值计算模型的几何尺寸与试验尺寸相同,煤岩试样基本参数见表4-6,表中体积模量和剪切模量由式(4-6)和式(4-7)算出。

$$K = \frac{E}{3(1 - 2\mu)} \tag{4-6}$$

$$G = \frac{E}{2(1 + \mu)} \tag{4-7}$$

式中　K——煤岩材料体积模量;

　　　G——煤岩材料剪切模量;

　　　E——煤岩材料弹性模量;

　　　μ——煤岩材料泊松比。

表 4-6　煤岩试样力学参数汇总

类别	密度/(g·cm⁻³)	弹性模量 E/GPa	体积模量 K/GPa	剪切模量 G/GPa	泊松比 μ	内聚力/MPa	内摩擦角/(°)
青砂岩	2.57	11.94	6.22	5.06	0.18	19.86	39.9
煤	1.32	2.58	1.23	1.12	0.15	1.88	42.0

4.2.1.3　模拟方案

本次模拟首先在简单模型里施加动载波进行调试,使其能够获得入射波和透射波波形。然后根据内置建模命令 brick 建出标准方柱试样模型,使动载波穿过该模型。接着在方柱模型中间加分界面,试样两端施加静荷载模拟波形透射。

通过数值模拟的方法,改变模型端部的轴向静荷载和结构面倾角,研究不同情况下应力波透过煤岩结构面后的变化以及透射情况,模拟时忽略试样自重影响。模拟轴压对透射系数影响时,无反射黏性边界位于 GH 和 CD 处(图 4-10),沿侧边边界 GC 和 DH 阻止垂直运动,所有网格点在方柱四周和底面固定;建立其中一个倾角结构面的计算模型,在模型顶施加不同轴向静荷载;在模型底部施加正弦波,波形的最大速率为 0.2 m/s,频率为 1 Hz。模拟结构面倾角对透射系数影响时,将同一轴向静荷载施加在不同倾角计算模型上,研究不同倾角的应力波透射情况。

正常入射的平面简谐剪切波在分界面处会穿过界面透射过去一部分能量,其余的能量反射回来,这些能量以波的形式表达,根据入射波、透射波的波峰比较研究其衰减性质。用 FLAC³ᴰ 对应力波穿过煤岩界面问题进行建模,入射波

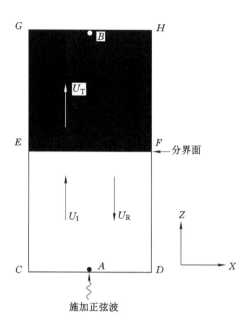

图 4-10 应力波在煤岩分界面的入射、透射和反射示意图

在煤岩分界面的入射、透射和反射示意图如图 4-10 所示。U_I、U_R、U_T 分别表示入射波、反射波、透射波能量。模型底部施加静态边界条件,同时加载剪切应力波。分别监测模型中部 A、B 两点的波形,位置依次为模型底部圆心和顶部圆心处。A 点的波形代表入射波形,B 点的波形代表透射波形。

4.2.1.4 模拟结果分析

本次数值模拟采用 FLAC[3D] 软件模拟出动静载组合作用下应力波穿过煤岩结构面的透射情况,主要模拟出同一轴压不同倾角和同一倾角不同轴压(0.09 MPa、0.17 MPa、0.23 MPa 除外)时施加动载波后入射波、透射波峰值,进而分析衰减情况。为得到透射系数稳态值,每次模拟需设置五个周期的入射波。

(1)界面参数反演

由于煤岩结构面相似材料标准试样单轴抗压与结构面形状的单轴抗压强度不同,故相似材料标准试样得出的内聚力、内摩擦角参数与结构面形状的参数也不同。现采用数值模拟的方法建立标准试样,由煤岩结构面形状相似材料的单轴抗压强度反演出该形状下内聚力、内摩擦角参数。模拟单轴压缩试验的应力-应变曲线如图 4-11 所示。

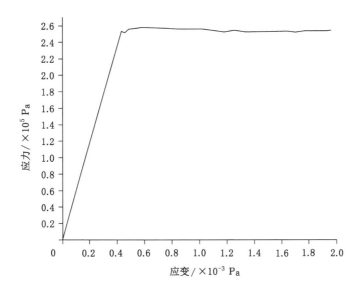

图 4-11　煤岩结构面相似材料模拟单轴压缩应力-应变曲线

由图 4-11 可知当煤岩结构面内聚力和内摩擦角分别为 0.95 MPa、43.5°时，单轴抗压强度为 0.267 MPa，与试验得出的 0.264 MPa 相近。做后续数值模拟时，将此内聚力、内摩擦角作为标准试样模型的分界面参数。

（2）倾角对煤岩结构面透射系数影响规律

含不同倾角结构面的方柱试样模型建立后，施加不同轴向静荷载进行模拟，现选取 0.13 MPa 轴压不同倾角和 30°倾角不同轴压情况下入射波、透射波峰值分析。0.13 MPa 轴压不同倾角下模拟出的入射波、透射波波形如图 4-12 所示。

0.13 MPa 轴压下不同倾角模型的入射波波形和峰值在每个周期均变化不大；透射波波形第一周期波形波动较大，第二、第三周期时趋于稳定。由于动载波施加处的大小、方向与传播到试样顶部的大小、方向不同，故透射波位置不固定。计算入射波、透射波峰值时，在波形稳定的前提下，将同一周期两波的最大值与最小值作差后的 1/2 作为峰值，将两波的峰值汇总于表 4-7。0.13 MPa 轴压条件下随着倾角的增加，入射波峰值逐渐减小；透射波峰值先增加后减小再增加，倾角为 0°时最小，60°时最大；透射系数整体呈增加趋势，但 15°～30°之间透射系数变化较小，0°、45°透射系数较小。

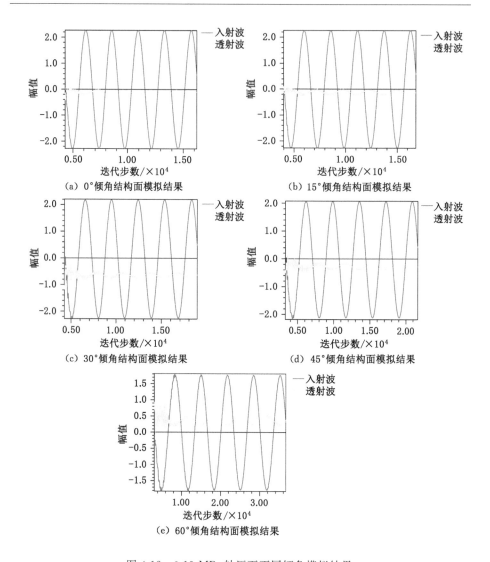

图 4-12　0.13 MPa 轴压下不同倾角模拟结果

表 4-7　0.13 MPa 不同倾角组合体模型入射波、透射波峰值及透射系数汇总

结构面倾角	0°	15°	30°	45°	60°
入射波峰值	2.267	2.261	2.172	2.063	1.764
透射波峰值	0.107	0.137	0.135	0.121	0.149
模拟透射系数	0.047	0.061	0.062	0.059	0.084

（3）轴向静荷载对煤岩结构面透射系数影响规律

在结构面倾角为30°组合体试样模型上，分别在模型顶部施加不同的轴向静荷载，然后施加动载波模拟冲击试验，不同轴压模拟结果如图4-13所示。

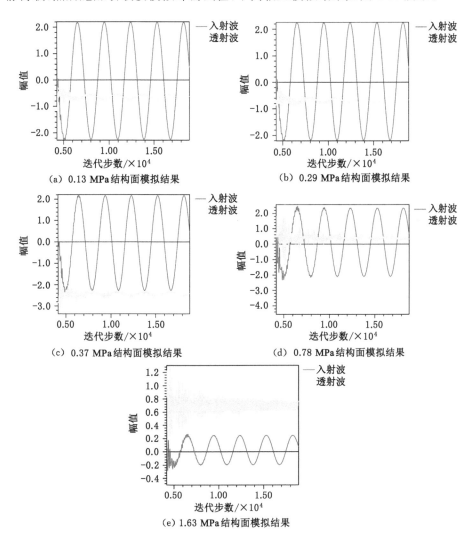

（a）0.13 MPa结构面模拟结果   （b）0.29 MPa结构面模拟结果

（c）0.37 MPa结构面模拟结果   （d）0.78 MPa结构面模拟结果

（e）1.63 MPa结构面模拟结果

图4-13 30°倾角下不同轴压模拟结果

30°倾角模型下不同轴压模拟得出的入射波的峰值在每个周期变化不大，但随着轴压的增加，第一周期入射波波形波动逐渐增强。随着轴压的增加，透射波轴线位置亦不固定，且趋于稳定时的波动性质逐渐减弱；同一轴压下透射波第一周期波动幅度较大,随后逐渐减小。将入射波、透射波峰值汇总于表 4-8。30°倾角条件下随着轴压的增加,入射波峰值呈现先增加后减小再增加趋势,轴压为 0.37 MPa 时最小;透射波峰值逐渐增加,且透射波幅值增加;透射系数整体呈增加趋势,轴压为 0.13 MPa、0.29 MPa 时透射系数变化较小,大于 0.78 MPa 时,透射系数急剧增大。

表 4-8　30°倾角组合体模型不同轴压入射波、透射波峰值及透射系数汇总

轴向静荷载	0.13 MPa	0.29 MPa	0.37 MPa	0.78 MPa	1.63 MPa
入射波峰值	2.172	2.253	2.169	2.353	2.512
透射波峰值	0.135	0.136	0.178	0.281	1.038
模拟透射系数	0.062	0.060	0.082	0.119	0.413

4.2.1.5　透射系数误差分析

为了与试验保持一致,将不同轴压下不同倾角情况的冲击试验均模拟出入射波、透射波,再根据二者稳定后的峰值得出相对于 x 坐标轴的峰值,最后根据式(4-2)、式(4-3)计算出煤岩结构面的应力波透射系数,见表 4-9。通过 MATLAB 软件绘出三维云图,煤岩结构面透射系数模拟结果三维云图如图 4-14 所示。

表 4-9　各倾角和轴压下煤岩结构面模拟透射系数

角度	轴压							
	0.09 MPa	0.13 MPa	0.17 MPa	0.23 MPa	0.29 MPa	0.37 MPa	0.78 MPa	1.63 MPa
0°	0.051	0.047	0.044	0.043	0.046	0.063	0.105	0.079
15°	0.074	0.061	0.067	0.104	0.164	0.336	0.261	0.217
30°	0.067	0.062	0.058	0.056	0.060	0.082	0.119	0.413
45°	0.065	0.059	0.054	0.055	0.064	0.098	0.067	0.163
60°	0	0.084	0.330	0.611	0.627	0.128	0.096	0.111

当结构面倾角为 0°时,透射系数随着轴向静荷载的增加呈现先减小后增加再减小的趋势,转折点为 0.23 MPa 和 0.78 MPa;结构面倾角为 15°时,透射系数随着轴向静荷载呈现先减小后增加再减小的趋势,转折点为 0.13 MPa 和 0.37 MPa;结构面倾角为 30°时,透射系数随着轴向静荷载呈现先减小后增加的趋势,转折点为 0.23 MPa;结构面倾角为 45°时,透射系数随着轴向静荷载的增

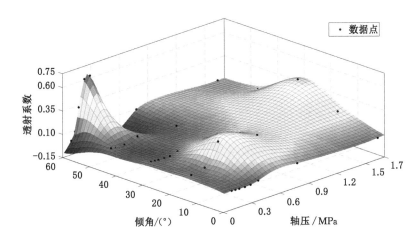

图 4-14 煤岩结构面模拟透射系数三维云图

加先减小再增加,而后又减小再增加,转折点为 0.17 MPa、0.37 MPa 和 0.78 MPa;结构面倾角为 60°时,透射系数随着轴向静荷载呈现先增加后减小再增加,转折点为 0.29 MPa 和 0.78 MPa。

随着结构面倾角的增加,不同轴向静荷载下模拟透射系数变化趋势不相同。轴压为 0.09 MPa 时,透射系数先增加后减小,转折点为 15°;其余轴压下(除 1.63 MPa)透射系数均呈现先增加后减小再增加的趋势,但透射系数变化趋势的转折点不同。当煤岩结构面受到 0.29 MPa、0.37 MPa 轴向静荷载时,转折点均为 15°、30°;当煤岩结构面受到的轴向静荷载为 0.13 MPa、0.17 MPa、0.23 MPa、0.78 MPa、1.63 MPa 时,透射系数发生变化的共同转折点为 45°。

由于试验透射系数普遍大于模拟透射系数,故将试验透射系数与模拟透射系数作差,研究二者误差情况(表 4-10),误差云图如图 4-15 所示。

表 4-10 模拟透射系数与试验透射系数差值

角度	轴压							
	0.09 MPa	0.13 MPa	0.17 MPa	0.23 MPa	0.29 MPa	0.37 MPa	0.78 MPa	1.63 MPa
0°	0.576	0.579	0.583	0.588	0.594	0.697	0.185	0.396
15°	0.713	0.530	0.400	0.277	0.201	0.218	0.071	0.328
30°	0.254	0.279	0.308	0.353	0.398	0.455	0.171	−0.041
45°	0.672	0.537	0.400	0.450	0.151	0.033	0.205	−0.104
60°	0.411	0.549	−0.072	−0.079	−0.471	0.087	0.189	0.405

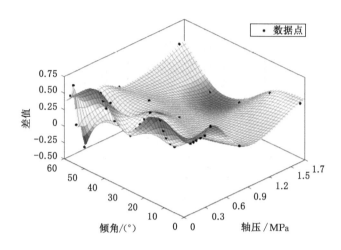

图 4-15　煤岩结构面模拟与试验透射系数差值云图

　　不同条件下的试验透射系数与模拟透射系数均有差异。当结构面倾角为 0°，轴压小于 0.37 MPa 时，试验透射系数与模拟透射系数相差范围在 0.5～0.6 之间，大于此轴压二者相差范围在 0.1～0.4 之间；当结构面倾角为 15°，轴压小于 0.17 MPa 时，试验透射系数与模拟透射系数相差范围在 0.5～0.8 之间，大于此轴压二者相差范围在 0.2～0.4 之间，轴压为 0.78 MPa 时，二者相差较小；结构面倾角为 30°，轴压小于 0.78 MPa 时，试验透射系数与模拟透射系数相差范围在 0.2～0.5 之间，轴压为 0.78 MPa 时，二者相差较小；结构面倾角为 45°，轴压小于 0.23 MPa 时，试验透射系数与模拟透射系数相差范围在 0.4～0.7 之间，大于此轴压二者相差范围在 0～0.2 之间，且轴压为 0.37 MPa 时，二者相差较小；结构面倾角为 60° 时，轴压为 0.09 MPa、0.13 MPa、0.29 MPa、1.63 MPa 时，试验透射系数与模拟透射系数相差范围在 0.4～0.6 之间，轴压为 0.78 MPa 时，二者相差 0.189 MPa，轴压为 0.17 MPa、0.23 MPa、0.37 MPa 时，二者相差较小。需要注意的是结构面倾角为 30°、45°，轴压为 1.63 MPa 时和结构面倾角为 60°，轴压为 0.17 MPa、0.23 MPa、0.29 MPa 时模拟透射系数大于试验透射系数。

　　由上述对比分析可知，各倾角模型受到轴压较小时，模拟透射系数与试验透射系数相差较大；30° 倾角模型各轴压下二者相差较小；试验时 45°、60° 倾角试样存在个别滑移现象，而模拟结果均未发生滑移。因此，FLAC[3D] 软件在模拟轴压较小和倾角较大的应力波衰时存在缺陷。

4.2.2 含煤岩结构面离散元数值试验

UDEC 是一个岩石和土壤力学建模软件[168],用于模拟和分析岩石和土壤的力学行为。UDEC 是 Distinct Element Method(DEM)的一种实现,该方法将岩石和土壤视为由许多离散元素组成的集合,每个元素都有自己的力学性质和相互作用规则。本节采用软件自带 Barton-Bandis 节理本构模型模拟不同倾角和轴向静载情况下施加动载应力波,透射过结构面的波形会呈现出不同的变化。

4.2.2.1 数值试验模型

为研究含结构面煤岩组合体动、静荷载下倾角和轴压在离散元模拟下应力波传播的规律,采用 UDEC 软件对衰减规律进行验证。同 4.2.1 部分模拟选择边长 50 mm、高 100 mm 的长方形试样。各倾角组合体试样数值模型如图 4-16 所示。

4.2.2.2 模型参数

同 4.2.1 部分,数值模型由煤、岩、煤岩结构面三部分组成,结构面无实体厚度,煤岩组合体数值计算模型的几何尺寸与试验尺寸相同,煤岩试样基本参数同 4.2.1 部分参数,结构面参数如表 4-11 所示。

表 4-11 结构面参数汇总

类别	法向刚度 k_n /(MPa·mm⁻¹)	切向刚度 k_s /(MPa·mm⁻¹)	粗糙度系数 JRCO	节理长度 l_o/mm	节理无侧限抗压强度 JCSO/MPa	内摩擦角 Φ/(°)
结构面	0.39	0.92	18	50	24.64	43.5

4.2.2.3 模拟方案

与 4.2.1 部分类似,将本次 SHPB 试验简化为二维平面一维压缩应力波在节理岩体中的传播过程。节理本构 Barton-Bandis 模型已内嵌至 UDEC 离散单元软件内,与试验相同尺寸建立二维数值模型,施加黏性边界,预设 A、B、C、D 四个测点,先对其施加轴向应力,待求解平衡后,再将正弦压缩应力波由岩块底部入射,并在节理处发生衰减,随后进入煤块,最后被测点 D 接收并记录。应力波数值计算模型如图 4-17 所示。

改变模型端部的轴向静荷载和结构面倾角,研究不同情况下应力波透过煤岩结构面后的变化以及透射情况,模拟时忽略试样自重影响。模拟轴压对透射系数影响时,模型顶部和底部设置为无反射黏性边界,侧边边界在 y 方向上固定,所有网格点在方柱四周和顶部固定;建立其中一个倾角结构面的计算模型,在模型底部施加不同轴向静荷载;在模型底部施加正弦波,波形的最大速率为

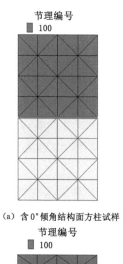

（a）含0°倾角结构面方柱试样

（b）含15°倾角结构面方柱试样

（c）含30°倾角结构面方柱试样

（d）含45°倾角结构面方柱试样

（e）含60°倾角结构面方柱试样

图 4-16　试样数值计算模型

0.2 m/s,频率为 1 Hz。模拟结构面倾角对透射系数影响时,将同一轴向静荷载施加在不同倾角计算模型上,研究不同倾角的应力波透射情况。

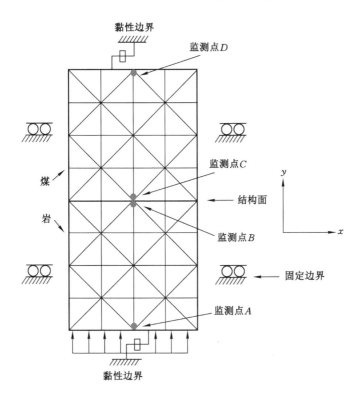

图 4-17 UDEC 应力波示意图

4.2.2.4 模拟结果分析

(1) 倾角对煤岩结构面透射系数影响规律

含不同倾角结构面的方柱试样模型建立后,施加不同轴向静荷载进行模拟,现选取 0.13 MPa 轴压不同倾角和 30°倾角不同轴压情况下入射波、透射波峰值分析。0.13 MPa 轴压不同倾角下模拟出的入射波、透射波波形如图 4-18 所示。可以看到波形在每个周期非常稳定,但在第一个周期的波动幅度明显小于其他周期,计算入射波、透射波峰值时,在波形稳定的前提下,将同一周期两波的最大值与最小值做比值相比后得到表 4-12。0.13 MPa 轴压条件下随着倾角的增加,透射系数整体呈先增加后减小的趋势,倾角为 0°时最小,30°时最大,且 15°~45°之间透射系数变化较小。

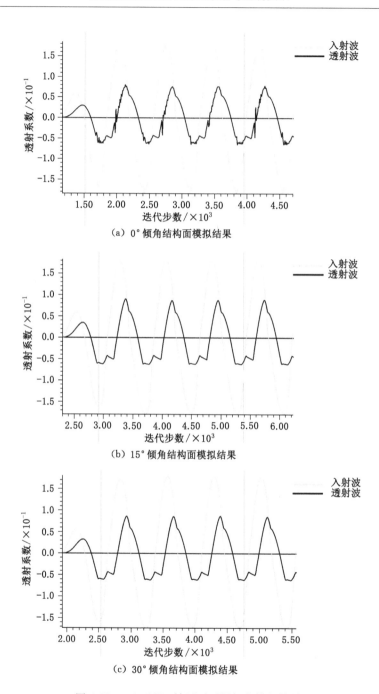

（a）0°倾角结构面模拟结果

（b）15°倾角结构面模拟结果

（c）30°倾角结构面模拟结果

图 4-18　0.13 MPa 轴压下不同倾角模拟结果

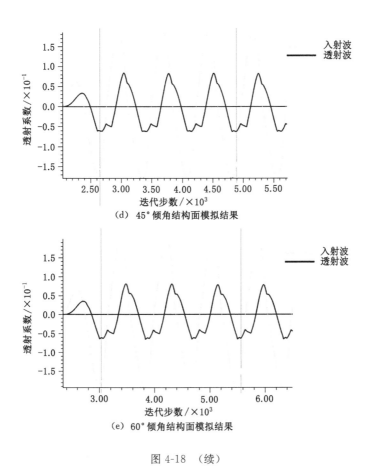

（d）45°倾角结构面模拟结果

（e）60°倾角结构面模拟结果

图 4-18 （续）

表 4-12 0.13 MPa 不同倾角节理模型透射系数汇总

结构面倾角	0°	15°	30°	45°	60°
模拟透射系数	0.201	0.253	0.258	0.250	0.235

（2）轴向静荷载对煤岩结构面透射系数影响规律

在结构面倾角为 30°节理试样模型上，按从小到大的顺序分别在模型顶部施加轴向静荷载，然后施加动载波模拟冲击试验，不同轴压模拟结果如图 4-19 所示。30°倾角节理模型下不同轴压模拟得出的入射波的峰值在每个周期变化不大，波形规律一致，将透射系数值汇总于表 4-13。30°倾角条件下随着轴压的增加，透射系数整体呈增加趋势，且轴压为 0.13～0.37 MPa 时透射系数变化较小，大于 0.78 MPa 时，透射系数增速较大，这可能是结构面发生破坏导致的。

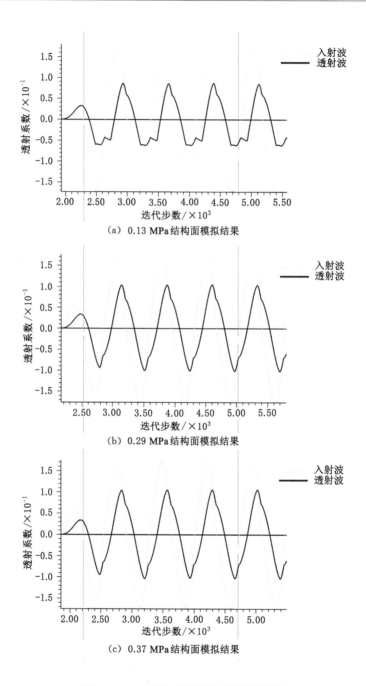

（a）0.13 MPa结构面模拟结果

（b）0.29 MPa结构面模拟结果

（c）0.37 MPa结构面模拟结果

图 4-19　30°倾角下不同轴压模拟结果图

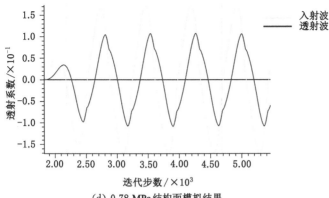

（d）0.78 MPa 结构面模拟结果

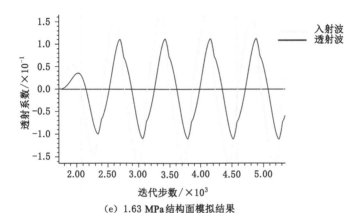

（e）1.63 MPa 结构面模拟结果

图 4-19 （续）

表 4-13　30°倾角节理模型不同轴压透射系数汇总

轴向静荷载	0.13 MPa	0.29 MPa	0.37 MPa	0.78 MPa	1.63 MPa
模拟透射系数	0.258	0.273	0.292	0.339	0.426

4.2.2.5　透射系数误差分析

为了与试验保持一致，将不同轴压下不同倾角情况的冲击试验均模拟出入射波、透射波，再根据二者稳定后的峰值得出相对于 x 坐标轴的峰值，最后根据式（4-2）、式（4-3）计算出煤岩结构面的应力波透射系数，见表 4-14。通过 MATLAB 软件绘出三维云图，煤岩结构面透射系数模拟结果三维云图如

图 4-20 所示。

表 4-14 各倾角和轴压下结构面 UDEC 模拟透射系数

角度	轴压							
	0.09 MPa	0.13 MPa	0.17 MPa	0.23 MPa	0.29 MPa	0.37 MPa	0.78 MPa	1.63 MPa
0°	0.235	0.201	0.196	0.193	0.192	0.197	0.191	0.263
15°	0.238	0.253	0.256	0.260	0.268	0.267	0.277	0.311
30°	0.249	0.258	0.266	0.285	0.273	0.292	0.339	0.426
45°	0.230	0.250	0.253	0.262	0.279	0.293	0.384	0.548
60°	0.216	0.235	0.250	0.277	0.298	0.341	0.502	0.759

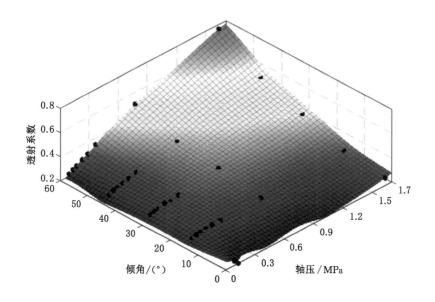

图 4-20 煤岩结构面模拟透射系数三维云图

当结构面倾角一定时,透射系数随着轴向静载的增大呈现增大的趋势;当结构面轴向静载一定时,透射系数随着倾角的增大也呈现增大的趋势,但在轴向静载较小时,增大趋势不明显;甚至在轴向静载小于 0.23 MPa 时,随着倾角的增大,呈现小幅度下降的现象。将试验透射系数与模拟透射系数作差,研究二者误差情况,见表 4-15,误差云图如图 4-21 所示。

表 4-15 模拟透射系数与试验透射系数差值

角度	轴压							
	0.09 MPa	0.13 MPa	0.17 MPa	0.23 MPa	0.29 MPa	0.37 MPa	0.78 MPa	1.63 MPa
0°	0.392	0.425	0.431	0.438	0.448	0.563	0.099	0.212
15°	0.549	0.338	0.211	0.121	0.097	0.287	0.055	0.234
30°	0.072	0.083	0.100	0.124	0.185	0.245	−0.049	−0.054
45°	0.507	0.346	0.201	0.244	−0.064	−0.162	−0.112	−0.489
60°	0.195	0.398	0.008	0.255	−0.142	−0.126	−0.217	−0.243

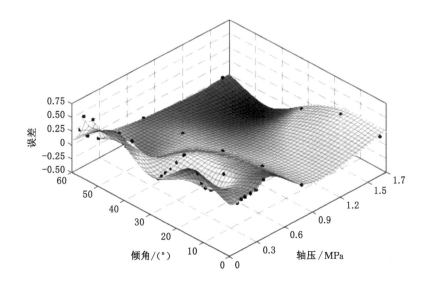

图 4-21 煤岩结构面 UDEC 模拟与试验透射系数差值云图

　　不同条件下的试验透射系数与数值模拟透射系数均有差异。当结构面倾角和轴向静载较小时试验与数值模拟透射系数误差均较大,基本在 0.45 左右;当轴向静载小于 0.37 MPa 时,不同倾角误差值波动幅度较大,倾角小于 45°误差呈现先减小后增大的趋势,倾角为 45°时,误差呈减小的趋势,倾角为 60°时,误差波动很大,呈现先增大后减小再增大再减小的"M"形变化趋势。在轴向静载大于 0.78 MPa 时,误差均在 0.2 附近,且波动很小。另在轴向静载为 1.78 MPa 时,误差随着倾角的增大呈现先减小后增大的趋势。

　　由上述对比分析可知,各倾角模型受到轴向静载较小时,模拟透射系数与试验透射系数相差较大,且波动较大。因此,UDEC 软件在模拟轴压较小各倾角下的应力波传播时存在一定的缺陷。

4.2.3 应力波透射煤岩结构面误差分析

确定离散元还是有限元更适合模拟应力波传播问题,需要对二者的误差程度进行分析。离散元方法是一种基于颗粒间相互作用力的数值模拟方法,可以模拟材料的离散行为和局部破坏过程。有限元方法则是一种基于连续介质力学的数值方法,适用于求解连续介质的弹性和弹塑性问题。在应力波传播问题中,离散元方法可以更好地模拟材料的断裂和局部破坏,因为它能够考虑颗粒间的相互作用力和颗粒间的接触力。而有限元方法则更适用于模拟整体结构的弹性行为,对于强度和刚度较高的材料更为准确。因此,在选择合适的方法时,需要根据具体问题的性质和要求来进行判断。此外,两种方法都存在误差,离散元方法的误差主要来自颗粒间相互作用力的模型和参数的选择,而有限元方法的误差主要来自网格划分和数值积分的精度。因此,在进行模拟时,需要对误差进行评估和控制,以提高模拟结果的准确性和可靠性。

将 FLAC³ᴰ 数值模拟与试验的误差平方值和 UDEC 数值模拟与试验误差平方值做比值可以得到两种数值模拟方法对模拟煤岩结构面应力波透射的适合程度,数据见表 4-16,R^2($R^2 = R^2_{udec}/R^2_{flac3d}$)对比图如图 4-22 所示。

表 4-16　FLAC³ᴰ 与 UDEC 两种模拟软件对应力波模拟比较

角度	轴压							
	0.09 MPa	0.13 MPa	0.17 MPa	0.23 MPa	0.29 MPa	0.37 MPa	0.78 MPa	1.63 MPa
0°	0.463	0.540	0.547	0.556	0.568	0.653	0.287	0.286
15°	0.593	0.406	0.279	0.192	0.231	1.728	0.600	0.511
30°	0.080	0.088	0.106	0.124	0.216	0.291	0.082	1.756
45°	0.570	0.415	0.253	0.293	0.180	24.149	0.297	22.139
60°	0.224	0.526	0.011	10.430	0.091	2.105	1.315	0.359

由图 4-22 可知,在倾角为 45°轴向静载为 0.37 MPa 和 1.63 MPa 时,FLAC³ᴰ误差相对较小,但在剩余其他情况下,UDEC 误差都相较于 FLAC 误差均要小,因此可以由此指标对比得出,UDEC 离散元数值模拟方法要比 FLAC³ᴰ连续有限元数值模拟方法要更适用于模拟煤岩结构面应力波透射问题。

通过对 UDEC 模拟数据和 FLAC³ᴰ模拟数据进行详尽的比较和分析,我们得出了一个重要的结论:在模拟煤岩结构面应力波透射问题时,使用 UDEC 数值模拟软件更加适用。通过对两种模拟软件的结果进行对比,我们发现 UDEC

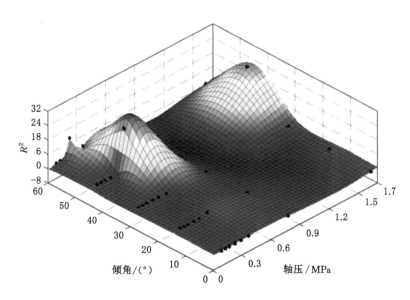

图 4-22 UDEC 与 FLAC[3D]模拟误差比值

在模拟煤岩结构面应力波透射方面表现出更高的准确性和可靠性。UDEC 的模拟结果与实际观测数据更加吻合，并且在捕捉煤岩结构面应力波透射特征时表现出更好的精度和稳定性。此外，UDEC 还具有更强大的功能和灵活性，能够更好地模拟复杂的地质条件和边界条件。

4.3 应力波透射煤岩结构面数值修正

4.3.1 BB 模型与煤岩结构面承载差异性

国内外学者曾针对岩石节理法向、切向行为提出过多种模型去描述此类变形性质。其中 Barton-Bandis 节理双曲线模型在岩石力学与工程中应用最广。

由 S.C.Bandis 等[48]建立的节理法向变形理论模型为：

$$\sigma_n = \frac{k_n \cdot d_n}{1 - \dfrac{d_n}{d_{max}}} \tag{4-8}$$

式中　k_n——节理初始法向刚度；

　　　σ_n——节理法向压应力；

　　　d_n——节理法向闭合量；

　　　d_{max}——节理法向最大允许闭合量。

由 N.Barton 等[169]建立的节理切向行为理论模型为：

$$\tau = \frac{100}{L}\sigma_n \tan\left[JRC \cdot \lg\left(\frac{\sigma_{JCS}}{\sigma_n}\right) + \Phi\right] \tag{4-9}$$

式中　τ——节理剪切应力；

L——节理长度；

JRC——节理粗糙度系数；

JCS——节理壁无侧限抗压强度；

Φ——节理剩余摩擦角。

Barton-Bandis 节理本构模型是根据对试验数据和实地观察的分析和总结得出的，旨在提供对节理岩石行为的相对准确的描述和预测。该模型利用了过去在岩石工程领域的试验和野外观察成果，并通过对各种实际情况下节理面行为的分析，提出了一种适用于不同节理岩石的本构模型。其基于弹塑性理论原理，考虑了岩石中的节理破坏、节理面间滑动以及节理面内的滑移等因素。模型将岩石材料视为一个弹性-完全塑性的模型，其中节理面的滑动行为通过引入相应的滑移参数来描述。模型中通过定义包括摩擦角、剪切强度等节理参数来描述节理面的力学性质。

利用 RTX-3000 型微机控制电液伺服三轴试验机以 0.033 MPa/s 恒定加载速率[170]对结构面进行压缩位移测试，结构面轴向应力与闭合变形量曲线数据及其与 BB 本构法向行为理论公式拟合情况见图 4-23。

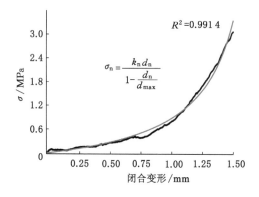

图 4-23　结构面压缩数据及其与 BB 法向行为理论拟合情况

利用 GCTS-RDS-200 直剪试验系统对结构面进行直剪试验，结构面切向位移与切向应力数据见图 4-24。

通过对构造结构面的力学压缩试验与剪切试验结果与 Barton-Bandis 理论模型对比，其有许多相似之处，故本章所构造的煤岩结构面相似模型选用

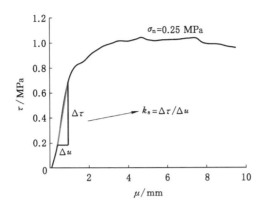

图 4-24 结构面剪切数据及法向刚度获取方法

Barton-Bandis 节理本构模型对其进行描述。

但 Barton-Bandis 节理本构模型从唯象学理论出发,基于形态相似的角度对节理法向加载试验进行建模,存在一定局限性,在 k_n 和 d_{max} 确定的情况下,节理法向位移曲线还与岩石的岩性、风化状态、节理面匹配度、节理面粗糙微粒空间和尺度分布状态以及接触状态等因素有关。当结构面发生剪切行为时,在轴向静载的作用下,结构面需要经历压密阶段、弹性阶段、屈服阶段、软化阶段和参与阶段这五个阶段。总体来说,结构面的剪胀效应与法向应力有关,在低法向应力作用下,结构面剪断后变形特征表现为剪胀;在高法向应力作用下,剪胀效应受到限制,结构面剪断后变现为减缩。在描述应力波在结构面处的透射现象不仅要从结构面本身法向行为与切向行为出发,更应该从微观角度考虑粒子振荡对应力波透射的影响,因此在采用 Barton-Bandis 节理本构模型描述结构面行为研究应力波透射情况时,应考虑其本身固有缺陷并对其进行修正。

4.3.2 应力波透射煤岩结构面影响因素

同轴向静载与倾角下节理应力波透射系数曲面图对比可以明显看出试验与数值计算模拟结果存在较大差异,即按照试验测定的煤岩结构面初始法向刚度、切向刚度、节理壁无侧限抗压强度、粗糙度系数、缝隙长度、内摩擦角的参数设置,Barton-Bandis 数值计算模型无法准确描述轴向静载与倾角对煤岩结构面应力波透射系数的影响,因此考虑这 6 个参数对透射系数的影响,获得各因素的显著性水平,并对其进行优化设计。

正交试验方法是研究和处理多因素问题的有效手段。设计时可以从全体试验中挑选出满足均衡性和正交性要求的代表点进行测试,从而获得整体稳定性的发展趋势。本部分结合正交试验和方差分析方法,研究了各参数对不同轴向静载与倾角对应力波透射系数的影响,获得了各因素的显著性水平。

显著性正交试验以应力波透射系数作为评价指标。此外,分析时着重研究主效应对透射系数的影响,不考虑各因素之间的交互效应。

如表 4-17 所示,考虑了倾角 θ、轴向静载 σ、初始法向刚度 k_n、切向刚度 k_s、节理壁无侧限抗压强度 JCS、粗糙度系数 JRC、缝隙长度 l_o、内摩擦角,建立 8 因素 5 水平正规正交表。

表 4-17 显著性试验因素水平表

序号	倾角 $\theta/(°)$	轴向静载 σ /MPa	法向刚度 $k_n/(MPa \cdot mm^{-1})$	切向刚度 $k_s/(MPa \cdot mm^{-1})$
1	0	0.1	1.8	0.9
2	7.5	0.5	2.9	1.45
3	15	0.9	4	2
4	22.5	1.3	5.1	2.55
5	30	1.7	6.2	3.1

序号	节理壁无侧限抗压强度 JCS/MPa	粗糙度系数 JRC	缝隙长度 l_o/mm	内摩擦角 $\Phi/(°)$
1	20	2	1	20
2	30	6.5	3	30
3	40	11	5	40
4	50	15.5	7	50
5	60	20	9	60

多因素方差分析通过比较各因素水平下透射系数来评估各影响因素的显著性水平,是正交试验后处理的主要数理统计方法之一。

显著性正交试验由于不考虑水平间交互作用的影响,因此稳定性评价指标仅受因素独立作用和随机误差影响,即前者为主效应,后者为余差。具体而言,m 因素 i 水平的正交试验 $L_n(m^i)$ 共需进行 n 次,其中每一因素称为 F_m,每一试验代号为 x_n。

$$SST = \sum_{i=1}^{m} SSF_i + \frac{\sum_{i=1}^{m} \sum_{j=1}^{m} SSF_i F_j}{2} + SSE \qquad (4-10)$$

式中　SST——反映数据集中各组结果差异性的总方差;

　　　SSF_i——各因素独立作用引起的变差,体现了 F_i 水平变化对透射系数的影响；

SSF_iF_j——因素交互作用带来的变差；

SSE——随机误差。

对于单因素而言，F_m 共有 i 个水平且各水平均出现了 a 次，x_{jk} 为水平的第 k 次试验。根据正交试验的均衡性和正交性要求，总试验次数 n 为水平数量 i 的 a 倍，则单因素独立作用变差为：

$$SSF_m = \frac{\sum_{j=1}^{i}\left(\sum_{k=1}^{a}x_{jk}\right)^2}{a} - \frac{\sum_{j=1}^{i}\left(\sum_{k=1}^{a}x_{jk}\right)^2}{n} \tag{4-11}$$

为量化各因素的影响程度，需要引入平均变差平方和 MS 与显著性差异水平 F 因子：

$$MSF_m = \frac{SSF_m}{i_m - 1} = \frac{SSF_m}{f_m} \tag{4-12}$$

$$MSE = \frac{SSE}{f_t - f_M} = \frac{SSE}{(n-1) - \sum f_m} \tag{4-13}$$

$$F_m^0 = \frac{MSF_m}{MSE} \tag{4-14}$$

式中　MSF_m——F_m 的平均变差平方和；

MSE——随机误差的平均变差平方和；

f_m——F_m 的自由度；

f_M——主效应的自由度；

f_t——整个实验的自由度；

F_m^0——F_m 的显著性因子。

最后，根据因素和随机误差的自由度查检验水平分布表[171]可得各影响因素的显著性 P 因子。当 $P \leqslant 0.05$ 代表 F_m 因素影响显著，反之则影响有限。使用 SPSS 统计分析软件实现以上显著性正交试验多因素方差分析，得到了透射系数主体间效应检查表（表 4-18）。

表 4-18　透射系数主体间效应检查表

因素	自由度	均方	方差齐性检验因子 F	显著性因子 P
$\theta/(°)$	4	0.250	21.815	<0.001
σ/MPa	4	0.069	6.054	0.004
k_n/MPa	4	0.194	16.979	<0.001
k_s/MPa	4	0.016	1.368	0.289

表 4-18(续)

因素	自由度	均方	方差齐性检验因子 F	显著性因子 P
JCS/MPa	4	0.030	2.578	0.077
JRC	4	0.010	0.905	0.484
l_o/mm	4	0.011	0.927	0.473
$\Phi/(°)$	4	0.076	6.682	0.002
误差	16	—	—	—
R^2	0.935	—	—	—

分析表 4-18 可知，影响因子 $R^2=93.5\%>85.0\%$，证明了本次试验具有统计学意义。进一步分析可得各因素对透射系数变化趋势影响程度，从大到小依次为：法向刚度 $k_n(P<0.05)>$ 倾角 $\theta(P<0.05)>$ 内摩擦角 $\Phi(P<0.05)>$ 轴向静载 $\sigma(P<0.05)\gg$ 节理壁无侧限抗压强度 $JCS(P=0.077)>$ 切向刚度 k_s $(P=0.289)>$ 缝隙长度 $l_o(P=0.473)>$ 粗糙度系数 $JRC(P=0.484)$。因此，倾角、轴向静载、法向刚度 k_n、内摩擦角 Φ 对应力波透射系数的影响显著。

4.3.3　神经网络修正 BB 模型算法

虽然显著性试验全面考虑了各因素对透射系数的影响，但由于显著性因素水平数量有限，基于数据的优化设计受到了一定限制。因此，在显著性试验的指导下，结合试验数据，选取了倾角 θ、轴向静载 σ、法向刚度 k_n、内摩擦角 Φ 四个参数进行优化设计正交试验。

对于四个连续参数的组合，结合正规正交表[172-173]，建立 4 因素 5 水平正交表，透射系数优化设计正交试验因子水平表如表 4-19 所示，其他固定参数同 4.2.2 部分。

表 4-19　透射系数优化设计正交试验因子水平表

序号	倾角 $\theta/(°)$	轴向静载 σ/MPa	法向刚度 $k_n/(\text{MPa}\cdot\text{mm}^{-1})$	内摩擦角 $\Phi/(°)$
1	0	0.1	1.8	30
2	7.5	0.5	2.9	37.5
3	15	0.9	4	45
4	22.5	1.3	5.1	52.5
5	30	1.7	6.2	60

为了消除优化正交设计试验因素之间量纲的影响,需要对数据进行无量纲标准化处理,使得各项指标处于同一数量级。无量纲化处理使不同单位或者量级的指标能够进行加权运算和比较,从而令结果具有较强的泛化能力;数据经标准化处理后落入一个较小的特定区间,并与神经网络各层激活函数的敏感区间相匹配,加快其寻找最优解的计算速度,避免发生梯度消失或梯度爆炸问题。将四项参数进行 z-score 标准化,即标准差标准化,处理后的数据均值约为 0,标准差约为 1,且符合标准正态分布。转化公式为:

$$data^* = \frac{data - \mu_{data}}{\sigma_{data}} \tag{4-15}$$

式中　$data^*$——标准化的数据集;

　　　$data$——初始数据集;

　　　μ_{data}——数据集均值;

　　　σ_{data}——数据集标准差。

利用 MATLAB 平台,采用灰狼种群优化算法和 BP 神经网络构建 GWO-BP 应力波透射系数反分析网络。BP 神经网络也被称为反向传播神经网络(Backpropagation Neural Network),其可以通过多层隐藏层来构建非线性映射以解决复杂非线性问题。灰狼种群优化算法是澳大利亚格里菲斯大学学者 S. Mirjalili 等[174] 于 2014 年提出来的一种基于自然界中灰狼群体行为的优化算法,该算法模拟了灰狼群体的寻食行为,通过不断地迭代更新灰狼的位置来寻找最优解,能够自适应调整收敛因子及信息反馈机制,能够在局部寻优与全局搜索之间实现平衡,因此在对问题求解精度和收敛速度方面都具有良好的性能。BP 神经网络拓扑结构如图 4-25 所示,输入层包含 3 个节点,输出层包含 2 个节点,隐含层包含 7 个神经元。其中,超参数(学习率、隐含层神经元数、隐含层激活函数和迭代步数)通过贝叶斯优化自动调节,相较于手动方式,本方法效率更高,且同样可以实现较高的预测精度。

GWO-BP 应力波透射系数反分析系统训练与验证误差如图 4-26 所示,训练、验证和测试误差均不超过 6%,可以作为不同轴向应力与倾角 BB 模型应力波透射系数参数反演分析模型。

4.3.4　修正模型下的应力波透射结果

使用 GWO-BP 应力波透射系数反分析系统对 UDEC 自带 Barton-Bandis 节理本构模型参数修正后不同节理倾角与轴向静载应力波透射系数及误差如

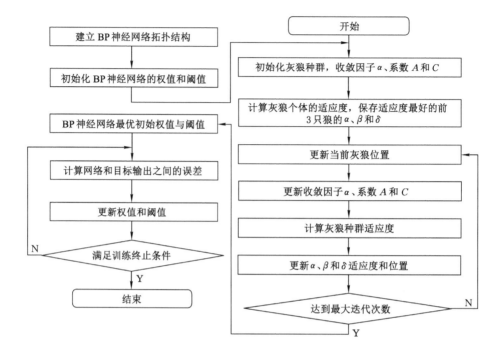

图 4-25　GWO-BP 应力波透射系数反分析系统流程图

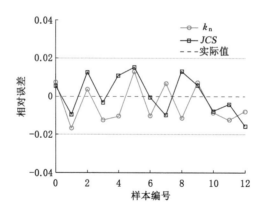

图 4-26　GWO-BP 应力波透射系数反分析系统训练与验证误差

图 4-27 所示,修正后结果与实际试验数据吻合较好。

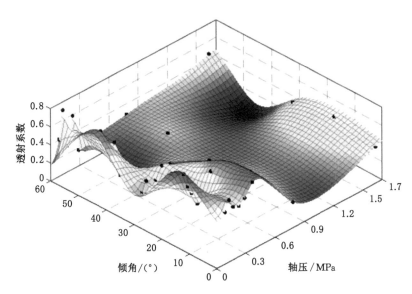

（a）修正后不同节理倾角与轴向静载应力波透射系数

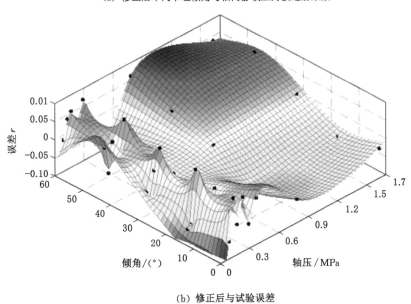

（b）修正后与试验误差

图 4-27　修正后应力波透射系数与误差

4.4 应力波透射煤岩结构面理论解析

基于采动覆岩运动产生的侧向支承应力、超前支承应力及动载应力多应力场叠加特点,建立了采动附加应力作用下煤岩体微单元承载力学模型,获得了煤岩结构面两侧介质密度与附加应力的关系。借助于 Snell 定律,求解了应力波倾斜入射煤岩结构面的临界入射角函数解。考虑采动煤岩密度变化、临界入射角、界面两侧介质差异、应力连续、位移不连续特征,建立了煤岩结构面承载力学平衡方程,推演获得了应力波透射煤岩结构面的多参数迭代方程,应用该迭代方程求解了应力波透射煤岩结构面的透射系数、影响因素以及影响规律。

4.4.1 一维纵波入射煤岩结构面传播影响因素

动载应力传播时的振动能量及强度呈衰减状态,影响因素如下:① 岩体中节理面。应力波的传播机制取决于载体介质的动态本构关系,天然岩体由大量宏观节理(层间结构面、天然裂隙等)、微观缺陷(孔隙、微裂纹等)和实体组成,并非完全连续介质。应力波穿越节理面时,会发生反射和透射,节理面属性对应力波穿越节理面时的反射系数和透射系数的影响规律是应力波传播的重要组成部分。② 岩体的波阻抗。应力波在连续介质中传播时,波阵面对介质质点做功,使质点震动获得能量,应力波的振幅和强度逐渐减小。连续介质对应力波的衰减特性形成应力波阻抗。③ 入射角度。应力波传播方向与岩层界面法向夹角变化时,应力波穿越岩层界面前后的反射系数、透射系数、应力波类型将发生改变,并存在临界入射角。④ 波源频率。当岩层界面的动态本构属性一定时,应力波的入射频率变化时,穿越岩层界面前后的反射系数、透射系数将发生改变。⑤ 介质属性。弹性介质、塑性介质、黏性介质等的本质力学行为存在差异,影响应力波的传播衰减规律,煤系地层多属于弹塑性介质。

基于单一波线倾斜入射岩层的分析结果,建立应力波束倾斜入射层状岩层的解析分析力学模型,基于模型解析结果,研究并分析任意角度入射层状岩层后的应力波传播衰减规律。应力波穿越层间结构面时,用结构面的法向刚度、切向刚度、入射角度、入射频率以及结构面两侧煤岩介质属性(密度、泊松比、弹性模量等)对同类型波及转换波透射系数的影响揭示层间结构面对应力波传播的衰减作用,用传播距离对应力波的传播影响规律揭示均质煤岩体对应力波的衰减作用。由惠更斯原理可知,透射同类型波和转换波可以作为下位岩层的入射波源,波的矢量性特征可实现单独研究透射同类型波或者透射转换波的传播规律。基于层间结构面及均质煤岩体对应力波的衰减作用规律,可建立动载应力波以任意角度穿越多层岩层和多组层间结构面的传播衰减解析模型。

结合煤系地层赋存特征及研究问题的关键,对应力波在煤系地层中的传播理论模型做以下简化:① 忽略煤岩体的局部黏性特征,结合煤系地层的工程地质特征,考虑采动引起的传播路径上煤岩体的密度变化。② 将层间结构面看作无限大平面闭合节理,考虑岩层间的结构面对应力波的透射作用,忽略同一岩层内波的往返传播作用,将各岩层看作均质连续介质,忽略岩体中的裂隙、孔隙等。③ 仅考虑各岩层临界入射角以内的应力波传播情况。④ 以纵波为例,频率设定为采动所能引起的应力波震动频率。⑤ 考虑煤岩层的波阻抗对应力波传播的影响规律。

4.4.2 一维纵波入射煤岩结构面力学传播模型

建立了如图 4-28 所示的应力波透射煤岩结构面力学传播模型,T_{Pi} 为入射纵波,T_{Pi+1} 为透射纵波,T_{Si+1} 为透射横波,R_{Pi} 为反射纵波,R_{Si} 为反射横波,ρ_{i-1}、μ_{i-1}、E_{i-1}、C_{Pi-1} 和 C_{Si-1} 分别为岩层 $i-1$ 的介质密度、泊松比、弹性模量、纵波波速和横波波速,ρ_i、μ_i、E_i、C_{Pi} 和 C_{Si} 分别为岩层 i 的介质密度、泊松比、弹性模量、纵波波速和横波波速,β_{Pi} 为入射角、反射同类波反射角,β_{Si} 为反射转换波反射角,β_{Pi+1} 和 β_{Si+1} 分别为透射同类型波的折射角和透射转换波的折射角,k_{ni},k_{si} 分别为岩层 $i-1$ 与岩层 i 间结构面的法向刚度、切向刚度。结构面上边界的参量定义为"一",下边界参量定义为"十"。

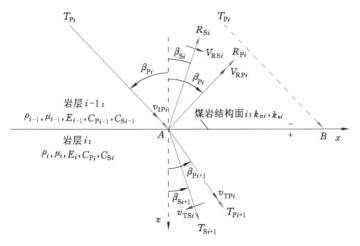

图 4-28　应力波透射煤岩结构面力学传播模型

4.4.2.1 采动煤岩体的密度

据质量守恒定律可知,岩体的密度会随采动支承应力的变化而变化,进而影响岩体内的波速及波阻抗。任取应力波传播路径上的单元体,其几何尺寸为 $d_x \times d_y \times d_z$,单元体体积见式(4-16),单元体弹性模量为 E,泊松比为 μ,原岩应力状态下的体密度为 ρ_i,采动附加支承应力作用下的体密度为 ρ_{ic},采动附加支承应力为 $\Delta\sigma$。结合质量守恒定律,由广义体积胡克定律可得,单元体采动支承应力作用前后的质量相等,见式(4-17),整理可得采动第 i 层岩层的体密度,具体见式(4-18)。密度与应力波波速的关系,见式(4-19)。式中,d_x,d_y,d_z 分别是 x,y,z 三个方向煤岩微单元的尺寸,m;ε_x,ε_y,ε_z 分别是沿着 x,y,z 三个方向的微应变。

$$V_1 = d_x d_y d_z \qquad (4\text{-}16)$$

$$\begin{cases} V_2 = V_1 - (\varepsilon_x + \varepsilon_y + \varepsilon_z)V_1 = [1 - (\Delta\sigma/E)(1 - 2\mu)]V_1 \\ \rho_i V_1 = \rho_{ic} V_2 \end{cases} \qquad (4\text{-}17)$$

$$\rho_{ic} = [E_i/(E_i - \Delta\sigma(1 - 2\mu_i))]\rho_i \qquad (4\text{-}18)$$

$$\begin{cases} C_{Pi} = \sqrt{[(E_i - \Delta\sigma(1 - 2\mu_i))/(3\rho_i)][1/(1 - 2\mu_i) + 2/(1 + \mu_i)]} \\ C_{Si} = \sqrt{(E_i - \Delta\sigma(1 - 2\mu_i))/(2\rho_i(1 + \mu_i))} \end{cases}$$

$$(4\text{-}19)$$

4.4.2.2 临界入射角与动载方位变化规律

Snell 定律强调,应力波在不同介质分界面处会发生波形转换,应力波从波速较慢的介质传播到波速较快的介质时,会发生全反射现象,无法透射应力波。当折射角度 β_{Pi+1} 或 β_{Si+1} 为 90°时,可以反算出临界入射角 β_{Ci},见式(4-20),被称为第一临界入射角。同时,式(4-20)给出了应力波穿越岩层结构面时透射纵波折射角、透射横波折射角、反射横波反射角及反射纵波反射角的关系。

$$\begin{cases} \beta_{Ci} = \min \begin{cases} \arcsin(C_{Pi}/C_{Pi+1}) \\ \arcsin(C_{Pi}/C_{Si+1}) \end{cases} \\ \beta_{Si} = \arcsin((C_{Si}/C_{Pi})\sin\beta_{Pi}) \\ \beta_{Pi+1} = \arcsin((C_{Pi+1}/C_{Pi})\sin\beta_{Pi}) \\ \beta_{Si+1} = \arcsin((C_{Si+1}/C_{Pi})\sin\beta_{Pi}) \end{cases} \qquad (4\text{-}20)$$

4.4.2.3 结构面力学边界

层间结构面连接相邻两层岩石,一般具有抵抗法向变形、切向位移的能力,对应的力学参数为法向刚度 k_{ni} 及切向刚度 k_{si}。考虑结构面本构关系对应力波传播方程求解的复杂度以及结构面本身的动载变形特征,以弹性模型描述煤系地层中层间结构面的力学行为,依据煤岩结构面峰后等效刚度法来求解结构面对应力波的衰减规律。依据结构面的位移不连续法,获得结构面两侧的应力方程和位移方程,见式(4-21)和式(4-22)。式(4-22)对时间 t 求导可得结构面两侧速度方程,见式(4-23)。式中,σ_i 和 τ_i 分别为层间结构面 i 上的法向应力和切向应力;σ_i^- 和 σ_i^+ 为层间结构面 i 上下边界法向应力;τ_i^- 和 τ_i^+ 为层间结构面 i 上下边界切向应力;u_{ni}^- 和 u_{ni}^+ 分别为层间结构面上下边界的法向位移;$u_{\tau i}^-$ 和 $u_{\tau i}^+$ 分别为层间结构面上下边界的切向位移;$v_{\tau i}^-$ 和 $v_{\tau i}^+$ 分别为层间结构面上下边界质点的切向震动速度;v_{ni}^- 和 v_{ni}^+ 分别为层间结构面上下边界质点的法向震动速度。

$$\begin{cases} \sigma_i = \sigma_i^- = \sigma_i^+ \\ \tau_i = \tau_i^- = \tau_i^+ \end{cases} \tag{4-21}$$

$$\begin{cases} u_{ni}^- - u_{ni}^+ = \sigma_i/k_{ni} \\ u_{\tau i}^- - u_{\tau i}^+ = \tau_i/k_{si} \end{cases} \tag{4-22}$$

$$\begin{cases} v_{ni}^- - v_{ni}^+ = (1/k_{ni})(\partial\sigma_i/\partial t) = (1/k_{ni})(\Delta\sigma_i/\Delta t) \\ v_{\tau i}^- - v_{\tau i}^+ = (1/k_{si})(\partial\tau_i/\partial t) = (1/k_{si})(\Delta\tau_i/\Delta t) \end{cases} \tag{4-23}$$

4.4.2.4　结构面力学解析

选取入射分界面的微小单元为研究对象,分为结构面上边界及结构面下边界。上边界微小单元分为三类:由结构面、入射波阵面、入射波线组成的入射三角微单元;由结构面、反射 P 波波阵面、反射 P 波波线组成的反射 P 波三角微单元;由结构面、反射 S 波波阵面、反射 S 波波线组成的反射 S 波三角微单元。下边界微小单元分为两类:由结构面、透射 P 波波阵面、透射 P 波波线组成的透射 P 波三角微单元;由结构面、透射 S 波波阵面、透射 S 波波线组成的透射 S 波三角微单元。力学解析可得各单元的力学平衡关系,见式(4-24)至式(4-28)。根据波阵面动量守恒定律,结合矢量叠加原理,可得,层间结构面两侧的应力表达式见式(4-29)。依据纵波及横波传播时质点的震动方向,可得层间结构面两侧的速度表达式见式(4-30)。将式(4-29)代入式(4-21)可得反射纵波和反射横波波速,见式(4-31)。将式(4-29)代入式(4-23)可得透射纵波和透射横波波速,见式(4-32)。式中,g_i 为待定系数,是入射角、反射角、透射角、泊松比及波阻抗的函数,其表达式具体见式(4-33)。式中,f_i 为待定系数,是入射角、反射角、透射角、泊松比及波阻抗的函数,其表达式具体见式(4-34)。

$$\begin{cases} \sigma_1 = \sigma_{\mathrm{IP}i}\cos^2\beta_{\mathrm{P}i} + (\mu_{i-1}/(1-\mu_{i-1}))\sigma_{\mathrm{IP}i}\sin^2\beta_{\mathrm{P}i} \\ \tau_1 = \sigma_{\mathrm{IP}i}((1-2\mu_{i-1})/(2-2\mu_{i-1}))\sin(2\beta_{\mathrm{P}i}) \end{cases} \tag{4-24}$$

$$\begin{cases} \sigma_2 = \sigma_{RPi}\cos^2\beta_{Pi} + (\mu_{i-1}/(1-\mu_{i-1}))\sigma_{RPi}\sin^2\beta_{Pi} \\ \tau_2 = \sigma_{RPi}((2\mu_{i-1}-1)/(2-2\mu_{i-1}))\sin(2\beta_{Pi}) \end{cases} \tag{4-25}$$

$$\begin{cases} \sigma_3 = -\tau_{RSi}\sin(2\beta_{Si}) \\ \tau_3 = -\tau_{RSi}\cos(2\beta_{Si}) \end{cases} \tag{4-26}$$

$$\begin{cases} \sigma_4 = \sigma_{TPi}\cos^2\beta_{Pi+1} + (\mu_i/(1-\mu_i))\sigma_{TPi}\sin^2\beta_{Pi+1} \\ \tau_4 = \sigma_{TPi}((1-2\mu_i)/(2-2\mu_i))\sin(2\beta_{Pi+1}) \end{cases} \tag{4-27}$$

$$\begin{cases} \sigma_5 = -\tau_{TSi}\sin(2\beta_{Si+1}) \\ \tau_5 = \tau_{TSi}\cos(2\beta_{Si+1}) \end{cases} \tag{4-28}$$

$$\begin{cases} \sigma_i^- = (z_{Pi-1}v_{IPi} + z_{Pi-1}v_{RPi})(\cos^2\beta_{Pi} + \mu_{i-1}/(1-\mu_{i-1})\sin^2\beta_{Pi}) - z_{Si-1}v_{RSi}\sin(2\beta_{Si}) \\ \tau_i^- = (z_{Pi-1}v_{IPi} - z_{Pi-1}v_{RPi})(1-2\mu_{i-1})/(2-2\mu_{i-1})\sin(2\beta_{Pi}) - z_{Si-1}v_{RSi}\cos(2\beta_{Si}) \\ \sigma_i^+ = z_{Pi}v_{TPi}(\cos^2\beta_{Pi+1} + (\mu_i/(1-\mu_i))\sin^2\beta_{Pi+1}) + z_{Si}v_{TSi}\sin(2\beta_{Si+1}) \\ \tau_i^+ = z_{Pi}v_{TPi}(1-2\mu_i/(2-2\mu_i))\sin(2\beta_{Pi}) - z_{Si}v_{TSi}\cos(2\beta_{Si+1}) \end{cases} \tag{4-29}$$

$$\begin{cases} v_{ni}^- = v_{IPi}\cos\beta_{Pi} + v_{RSi}\sin\beta_{Si} - v_{RPi}\cos\beta_{Pi} \\ v_{\tau i}^- = v_{IPi}\sin\beta_{Pi} + v_{RSi}\cos\beta_{Si} + v_{RPi}\sin\beta_{Pi} \\ v_{ni}^+ = v_{TPi}\cos\beta_{Pi+1} + v_{TSi}\sin\beta_{Si+1} \\ v_{\tau i}^+ = v_{TPi}\sin\beta_{Pi+1} - v_{TSi}\cos\beta_{Si+1} \end{cases} \tag{4-30}$$

$$\begin{cases} v_{RPi} = v_{IPi}g_{i1} + v_{TPi}g_{i2} + v_{TSi}g_{i3} \\ v_{RSi} = v_{IPi}g_{i4} + v_{TPi}g_{i5} + v_{TSi}g_{i6} \end{cases} \tag{4-31}$$

$$\begin{cases} v_{TPi(j+1)} = v_{IPi(j)}f_{i1} + v_{RSi(j)}f_{i2} + v_{RPi(j)}f_{i3} + v_{TPi(j)}f_{i4} + v_{TSi(j)}f_{i5} \\ v_{TSi(j+1)} = v_{IPi(j)}f_{i6} + v_{RSi(j)}f_{i7} + v_{RPi(j)}f_{i8} + v_{TPi(j)}f_{i9} + v_{TSi(j)}f_{i10} \end{cases} \tag{4-32}$$

$$\begin{cases} g_{i1} = -\dfrac{z_{Pi-1}[\cos\beta_{Pi}\cos(\beta_{Pi}+2\beta_{Si}) + \mu_{i-1}/(1-\mu_{i-1})\sin\beta_{Pi}\sin(\beta_{Pi}+2\beta_{Si})]}{z_{Pi-1}[\cos\beta_{Pi}\cos(\beta_{Pi}-2\beta_{Si}) + \mu_{i-1}/(1-\mu_{i-1})\sin\beta_{Pi}\sin(\beta_{Pi}-2\beta_{Si})]} \\ g_{i2} = \dfrac{z_{Pi}[\cos\beta_{Pi+1}\cos(\beta_{Pi+1}+2\beta_{Si}) + \mu_i/(1-\mu_i)\sin\beta_{Pi+1}\sin(\beta_{Pi+1}+2\beta_{Si})]}{z_{Pi-1}[\cos\beta_{Pi}\cos(\beta_{Pi}-2\beta_{Si}) + \mu_{i-1}/(1-\mu_{i-1})\sin\beta_{Pi}\sin(\beta_{Pi}-2\beta_{Si})]} \\ g_{i3} = z_{Si}\sin(2\beta_{Si}+2\beta_{Si+1})/\{z_{Pi-1}[\cos\beta_{Pi}\cos(\beta_{Pi}-2\beta_{Si}) + \mu_{i-1}/(1-\mu_{i-1})\sin\beta_{Pi}\sin(\beta_{Pi}-2\beta_{Si})]\} \\ g_{i4} = 1/(z_{Si-1}\cos(2\beta_{Si}))z_{Pi-1}(1-2\mu_{i-1})/(2-2\mu_{i-1})\sin(2\beta_{Pi})(1-g_{i1}) \\ g_{i5} = -1/(z_{Si-1}\cos(2\beta_{Si}))[z_{Pi-1}g_{i2}(1-2\mu_{i-1})/(2-2\mu_{i-1})\sin(2\beta_{Pi}) + z_{Pi}(1-2\mu_i)/(2-2\mu_i)\sin(2\beta_{Pi+1})] \\ g_{i6} = 1/(z_{Si-1}\cos(2\beta_{Si}))[z_{Si}\cos(2\beta_{Si+1}) - z_{Pi-1}g_{i3}(1-2\mu_{i-1})/(2-2\mu_{i-1})\sin(2\beta_{Pi})] \end{cases} \tag{4-33}$$

$$
\begin{cases}
f_{i1} = \dfrac{k_{ni}\Delta t\cos\beta_{Pi}\cos(2\beta_{Si+1}) + k_{si}\Delta t\sin\beta_{Pi}\sin(2\beta_{Si+1})}{z_{Pi}\left[\cos\beta_{Pi+1}\cos(\beta_{Pi+1} - 2\beta_{Si+1}) + \mu_i/(1-\mu_i)\sin\beta_{Pi+1}\sin(\beta_{Pi+1} - 2\beta_{Si+1})\right]} \\[3mm]
f_{i2} = \dfrac{k_{ni}\Delta t\sin\beta_{Si}\cos(2\beta_{Si+1}) + k_{si}\Delta t\cos\beta_{Si}\sin(2\beta_{Si+1})}{z_{Pi}\left[\cos\beta_{Pi+1}\cos(\beta_{Pi+1} - 2\beta_{Si+1}) + \mu_i/(1-\mu_i)\sin\beta_{Pi+1}\sin(\beta_{Pi+1} - 2\beta_{Si+1})\right]} \\[3mm]
f_{i3} = \dfrac{k_{si}\Delta t\sin\beta_{Pi}\cos(2\beta_{Si+1}) - k_{ni}\Delta t\cos\beta_{Pi}\cos(2\beta_{Si+1})}{z_{Pi}\left[\cos\beta_{Pi+1}\cos(\beta_{Pi+1} - 2\beta_{Si+1}) + \mu_i/(1-\mu_i)\sin\beta_{Pi+1}\sin(\beta_{Pi+1} - 2\beta_{Si+1})\right]} \\[3mm]
f_{i4} = \dfrac{-k_{ni}\Delta t\cos\beta_{Pi+1}\cos(2\beta_{Si+1}) - k_{si}\Delta t\sin\beta_{Pi+1}\sin(2\beta_{Si+1})}{z_{Pi}\left[\cos\beta_{Pi+1}\cos(\beta_{Pi+1} - 2\beta_{Si+1}) + \mu_i/(1-\mu_i)\sin\beta_{Pi+1}\sin(\beta_{Pi+1} - 2\beta_{Si+1})\right]} + 1 \\[3mm]
f_{i5} = \dfrac{k_{si}\Delta t\cos\beta_{Si+1}\sin(2\beta_{Si+1}) - k_{ni}\Delta t\sin\beta_{Si+1}\sin(2\beta_{Si+1})}{z_{Pi}\left[\cos\beta_{Pi+1}\cos(\beta_{Pi+1} - 2\beta_{Si+1}) + \mu_i/(1-\mu_i)\sin\beta_{Pi+1}\sin(\beta_{Pi+1} - 2\beta_{Si+1})\right]} \\[3mm]
f_{i6} = \left[f_{i1}z_{Pi}(1-2\mu_i)/(2-2\mu_i)\sin(2\beta_{Pi+1}) - k_{si}\Delta t\sin\beta_{Pi}\right]/\left[z_{Si}\cos(2\beta_{Si+1})\right] \\[2mm]
f_{i7} = \left[f_{i2}z_{Pi}(1-2\mu_i)/(2-2\mu_i)\sin(2\beta_{Pi+1}) - k_{si}\Delta t\cos\beta_{Si}\right]/\left[z_{Si}\cos(2\beta_{Si+1})\right] \\[2mm]
f_{i8} = \left[f_{i3}z_{Pi}(1-2\mu_i)/(2-2\mu_i)\sin(2\beta_{Pi+1}) - k_{si}\Delta t\sin\beta_{Pi}\right]/\left[z_{Si}\cos(2\beta_{Si+1})\right] \\[2mm]
f_{i9} = \left[k_{si}\Delta t\sin\beta_{Pi+1} - z_{Pi}(1-2\mu_i)/(2-2\mu_i)\sin(2\beta_{Pi+1})(1-f_{i4})\right]/\left[z_{Si}\cos(2\beta_{Si+1})\right] \\[2mm]
f_{i10} = \left[-k_{si}\Delta t\cos\beta_{Si+1} + z_{Si}\cos(2\beta_{Si+1}) + f_{i5}z_{Pi}(1-2\mu_i)/(2-2\mu_i)\sin(2\beta_{Pi+1})\right]/\left[z_{Si}\cos(2\beta_{Si+1})\right]
\end{cases}
$$

$$(4\text{-}34)$$

4.4.2.5　应力波穿越煤岩结构面透射系数

依据式(4-31)至式(4-34)可求出任意角度入射煤岩结构面的透射波引起的质点震动速度,用峰值震动速度的比值作为应力波入射煤岩结构面的透射系数,见式(4-35)。据此,可求出动载应力波穿越煤岩结构面后的强度衰减规律。

$$
T_i = \max|v_{TPi}|/\max|v_{IPi}| \tag{4-35}
$$

4.4.3　一维纵波入射煤岩结构面传播衰减规律

4.4.3.1　煤岩结构面内的动载强度衰减规律

随着附加支承应力的增加,应力波透射系数呈线性减小的变化趋势,减幅较小,如图 4-29 所示。随着煤岩界面两侧介质密度比的增加,应力波透射系数减小幅度呈增加趋势,该增加趋势逐渐衰减;随着煤岩界面两侧介质弹性模量比的增加应力波透射系数减小幅度亦呈增加趋势,增幅高于密度比的影响,且该增加趋势亦呈现衰减状态;随着煤岩界面两侧介质泊松比之比的增加,应力波透射系数减小幅度也呈增加趋势,变化不明显。

4.4.3.2　煤岩结构面法向刚度对应力波传播强化效应

如图 4-30 所示,随着煤岩结构面法向刚度的增加,应力波透射系数呈现两阶段增加的变化趋势,分为增幅显著区、增幅平缓区。例如,法向刚度从 0.5 GPa 增加到 6.5 MPa 过程中,应力波透射系数约从 0.45 增加到 0.98,增幅显著。

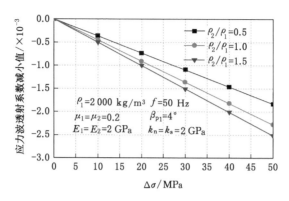

（a）密度比效应

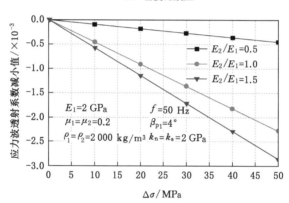

（b）弹性模量比效应

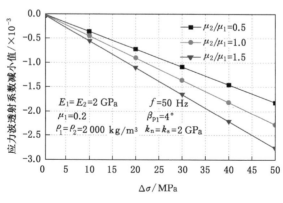

（c）泊松比之比效应

图 4-29　应力波透射系数的采动附加应力效应

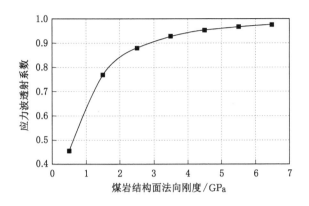

图 4-30　应力波透射系数的法向刚度效应

4.4.3.3　介质属性对应力波传播强化效应

如图 4-31 所示,随着密度比的增加,应力波透射系数呈缓慢增加趋势,增幅逐渐减小,随着密度的增加,应力波透射系数呈减小趋势,减幅呈衰减趋势。同样的,随着弹性模量比的增加,应力波透射系数呈缓慢增加趋势,增幅逐渐减小,随着弹性模量的增加,应力波透射系数呈减小趋势,减幅呈衰减趋势。不同的,随着泊松比之比的增加,应力波透射系数呈增加趋势,增幅逐渐增加,随着泊松比的增加,应力波透射系数变化分为两个阶段,分别为减小阶段和增加阶段,减小幅度逐渐增加,增加幅度逐渐增加。

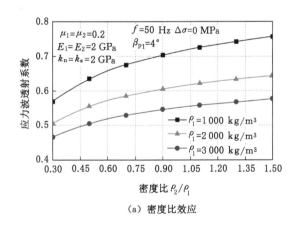

（a）密度比效应

图 4-31　应力波透射系数的法向刚度效应

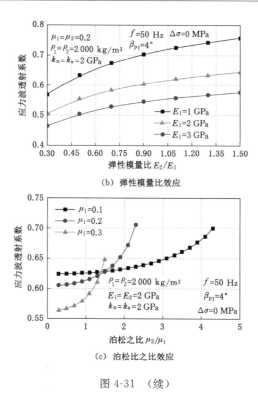

（b）弹性模量比效应

（c）泊松比之比效应

图 4-31 （续）

4.4.3.4 入射波参数对应力波传播强化效应

如图 4-32 所示,随着应力波入射角度的增加,应力波透射系数呈逐渐增加的变化趋势,增幅逐渐衰减,随着应力波入射频率的增加,应力波透射系数逐渐减小,减幅逐渐减小。

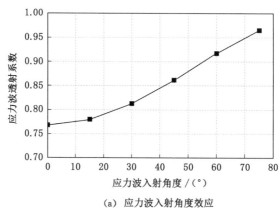

（a）应力波入射角度效应

图 4-32 应力波透射系数的波形特征参数效应

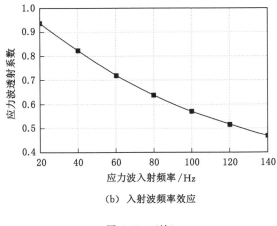

（b）入射波频率效应

图 4-32 （续）

4.5 本章小结

本章综合采用室内试验、数值分析、理论分析、力学解析的方法,开展了煤岩结构面扰动应力波透射规律研究,确定了应力波透射煤岩结构面试验方法,发现了数值试验预测煤岩结构面透射应力波的不足,修正了煤岩结构面透射应力波的数值模型,建立了应力波透射煤岩结构面的力学分析模型,揭示了煤岩结构面对应力波透射的作用规律,具体内容如下:

① 揭示了煤岩结构面轴压对应力波透射规律的作用规律,发现随着轴压的增加,倾角为 0°、30°时,结构面透射系数整体呈现先上升后下降趋势;倾角为 15°时,结构面透射系数整体呈现先下降后上升趋势;倾角为 45°时,结构面透射系数整体下降;倾角为 60°时,结构面整体先上升后下降再上升。微凸起破碎程度、微凸起脱落情况和倾角大小决定了应力波透射系数。

② 获得了煤岩结构面倾角对应力波透射规律的作用规律,随着倾角的增加,0.13 MPa、0.23 MPa 轴压下,透射系数呈现先减小后增加趋势;0.17 MPa、0.29 MPa、0.37 MPa 轴压下,透射系数整体呈减小趋势;0.78 MPa、1.63 MPa 轴压下,透射系数呈先增加后减小再增加的趋势。倾角的大小决定了结构面与煤、岩截面的接触面积,接触面积与微凸起破碎情况决定摩擦力大小,进而决定透射系数的大小。倾角小于 45°时,轴压对透射系数影响较大,大于 45°时,倾角对透射系数影响较大。

③ 建立了应力波透射煤岩结构面传播衰减多项式函数模型,分析了实测轴

压和倾角对煤岩结构面透射应力波的传播衰减规律,以实测应力波透射规律为基础,确定了 UDEC 离散元数值分析方法更适于模拟应力波透射煤岩界面传播衰减规律,获得了应力波透射煤岩界面的关键影响因素,利用神经网络算法修正了 UDEC 中 BB 模型关键参数,并采用修正后的 UDEC 数值模型预测了煤岩结构面透射应力波传播衰减规律,发现修正后的数值模型预测结果与试验结果基本一致。

④ 建立了动载应力波穿越层间结构面的力学解析模型,揭示了应力波穿越层间结构面的衰减机理。发现以透射及反射同类型应力波为主,透射转换波透射系数接近于 0,反射转换波反射系数普遍小于 0.2。高密度比、高弹性模量比、高泊松比之比均可提高透射同类型波透射系数及反射同类型波反射系数;高密度、高弹性模量、高泊松比均可降低透射同类型波透射系数,提高反射同类型波反射系数;高层间结构面法向刚度、高应力波入射角度、低应力波入射频率可提高透射同类型波透射系数,降低反射同类型波反射系数。为预测采动邻空煤岩动载响应强度提供了理论依据。

5　采动波扰邻空煤巷变形控制机理

5.1　采动煤岩动静应力场时空演化规律

5.1.1　煤系地层原岩应力分布规律

5.1.1.1　应力解除实测法

① 测试目的。地应力测试是确定煤系地层地应力的主应力大小及方向,掌握工程区的地应力条件,以便准确合理地确定矿山的总体布局、选取适当的采矿方法、确定巷道的最佳断面形式、断面尺寸、开挖步骤与支护形式、支护时间等。

② 测试手段。一台地质钻机、必需的专用钻具(如磨平钻头、变径接头、取芯管等)、应变包体仪、测试主机。虽然应力解除测试过程相对比较简单,然而测试流程中的任何一项工作的精度都会严重影响测试结果的准确性,甚至会导致应力测试过程的失败。

③ 测点布置。一般来讲测试地点的要求包括三个方面,首先,测试地点的地应力状态能确切反映该区域的一般情况,即地应力测试地点的选择具有代表性;其次,受地应力测试方法的限制,应尽可能在较完整、均质、层厚合适的稳定围岩中进行;最后,为避免地应力观测期间与巷道施工或其他生产工序相互影响,测点应尽可能远离施工地段,一般选在能容纳钻机以及便于操作和观测的硐室。

④ 测量原理。当一块岩石从受力作用的岩体中取出后,岩石内积蓄的弹性变形会膨胀恢复,测量出应力解除前后岩芯的膨胀变形,并通过标定岩样的弹性模量和泊松比,则根据圆形洞室围岩的弹性应力分布规律,采用最小二乘法即可反算应力围岩扰动前岩体中应力的大小和方向。

⑤ 测试过程。首先,在井下钻场内,采用钻机钻进应力解除孔,钻孔钻至地应力未受扰动的位置,钻头直径为 $\phi130$ mm;其次,磨平大孔孔底后,再同心钻进小直径孔穿过待测点,该孔为测量用孔,其钻头直径为 $\phi36$ mm;再次,在测量孔内安装环氧树脂三轴应变计。最后,经过 24 h,待环氧树脂完全固化后,用 $\phi130$ mm 的取芯钻头对含有应变计的岩芯进行应力解除,解除过程引起的岩石

变形可由应变计中不同方向的应变片通过数据采集器检测和记录。如图 5-1
所示。

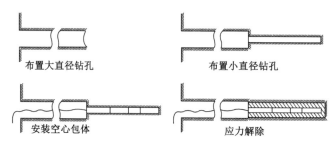

布置大直径钻孔　　　　　　　布置小直径钻孔

安装空心包体　　　　　　　　应力解除

图 5-1　应力解除测试地应力原理示意图

⑥ 理论依据。岩体中一点的三维应力状态可由选定坐标系中的六个分量
来表示,见式(5-1),地应力求解过程仅与岩体泊松比和地应力分量与弹性模量
的比值有关。而每组应变的测量结果可以得到 4 个方程,三组应变共可以得到
12 个方程,但初始地应力的独立分量只有 6 个,因此组建的方程组为超越方程
组。在确定了应力解除段岩芯的弹性参数(弹性模量、泊松比)后,通过最小二乘
法可以得到初始地应力的最优解。

$$
\begin{aligned}
\sigma_r =& \frac{1}{2}(\sigma_x + \sigma_y)\left(1 - \frac{R^2}{r^2}\right) + \frac{1}{2}(\sigma_x - \sigma_y)\left(1 - 4\frac{R^2}{r^2} + 3\frac{R^4}{r^4}\right)\cos 2\varphi + \\
& \tau_{xy}\left(1 - 4\frac{R^2}{r^2} + 3\frac{R^4}{r^4}\right)\sin 2\varphi \\[4pt]
\sigma_\theta =& \frac{1}{2}(\sigma_x + \sigma_y)\left(1 + \frac{R^2}{r^2}\right) - \frac{1}{2}(\sigma_x - \sigma_y)\left(1 + 3\frac{R^4}{r^4}\right)\cos 2\varphi - \\
& \tau_{xy}\left(1 + 3\frac{R^4}{r^4}\right)\sin 2\varphi \\[4pt]
\sigma_z^* =& \sigma_x - 2\mu(\sigma_x - \sigma_y)\frac{R^2}{r^2}\cos 2\varphi - 4\mu\tau_{xy}\frac{R^2}{r^2}\sin 2\varphi + \sigma_z \\[4pt]
\tau_{r\theta} =& \frac{1}{2}(\sigma_x - \sigma_y)\left(1 + 2\frac{R^2}{r^2} - 3\frac{R^4}{r^4}\right)\sin 2\varphi + \tau_{xz}\left(1 + 2\frac{R^2}{r^2} - 3\frac{R^4}{r^4}\right)\cos 2\varphi \\[4pt]
\tau_{rz} =& \tau_{yz}\left(1 - \frac{R^2}{r^2}\right)\sin \varphi + \tau_{xz}\left(1 - \frac{R^2}{r^2}\right)\cos \varphi \\[4pt]
\tau_{\theta z} =& \tau_{yz}\left(1 + \frac{R^2}{r^2}\right)\cos \varphi - \tau_{xz}\left(1 + \frac{R^2}{r^2}\right)\sin \varphi
\end{aligned}
$$

$$(5\text{-}1)$$

式中　σ_r——钻孔周围径向应力;

σ_θ——钻孔周围环向应力；

$\sigma_z{}^*$——钻孔边缘处的轴向应力；

$\tau_{r\theta}$——r-θ 主平面上的切应力；

τ_{rz}——r-z 主平面上的切应力；

$\tau_{\theta z}$——θ-z 主平面上的切应力；

σ_x——钻孔周围 x 方向原岩应力；

σ_y——钻孔周围 y 方向原岩应力；

σ_z——钻孔周围 z 方向原岩应力；

τ_{xy}——x-y 主平面上的切应力；

τ_{xz}——x-z 主平面上的切应力；

τ_{yz}——y-z 主平面上的切应力；

r——钻孔围岩任意一点距离钻孔中心的径向距离；

R——钻孔半径；

φ——钻孔围岩径向倾角；

μ——钻孔围岩泊松比。

⑦ 测试标准。首先,考察测试过程中取出的含应变计的岩芯实物是否完整,层理、节理的发育程度,传感器与岩石之间的黏接是否饱满(无外泄),测量孔径是否符合预定要求等。其次,应力解除过程中的应变-距离曲线是否有异常,即各应变计工作是否正常。最后,开展分析计算结果中的误差估计,评价结果。

⑧ 测算结果。根据岩芯解除数据和弹性参数测定试验可得到套孔取芯取得的岩体的弹性模量、泊松比,再结合钻孔的几何参数等,应用地应力专用计算软件对地应力结果进行计算。地应力实测点测试结果总体上反映了研究区地应力的特点:最大主应力为 $11.34 \sim 16.77$ MPa,方向为 $99.23° \sim 113.82°$,为北西南东向,具体结果见表 5-1。

表 5-1　试验矿井开采煤层地应力测试结果

测点	主应力	实测/MPa	倾角/(°)	方位角/(°)
P_1	σ_1	11.34	-40.49	100.35
	σ_2	4.79	-32.81	-23.05
	σ_3	1.73	-32.24	222.94
P_2	σ_1	13.76	-39.71	113.82
	σ_2	4.89	-38.24	-17.06
	σ_3	2.74	-27.18	229.07

表 5-1(续)

测点	主应力	实测/MPa	倾角/(°)	方位角/(°)
P_3	σ_1	16.77	36.00	99.23
	σ_2	5.21	−25.99	29.98
	σ_3	2.00	−42.85	146.86
P_4	σ_1	15.93	43.00	101.91
	σ_2	5.25	−25.78	38.68
	σ_3	2.52	−36.01	149.23

5.1.1.2　应力传递分析法

煤系地层处于由自重应力和构造应力组成的原岩应力场,呈静力平衡状态,工程开挖后的岩体强度和刚度不足以抵抗原岩应力引起的扰动应力时,工程岩体将发生破坏、失稳,影响安全施工。煤系地层呈现显著的非均质特征,各岩层承载后的力学行为存在差异。建立采场覆岩荷载传递力学模型,第 1 层岩层所控制的 n 层岩层对第 1 层的作用应力,基于应力逐层传递特性,将第 $m+1$ 层至第 n 层岩层的作用应力简化为作用到 m 层的均布力,该模型被简化为第 1 层岩层控制上方 m 层岩层的运动(图 5-2),据此可求解出 n 层岩层当中任意岩层上的作用应力,如式(5-2)所示[175]。结合地应力测试结果,利用该模型可反演任意层位的原岩应力大小。

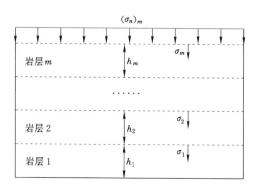

图 5-2　地应力传递分析模型

$$(\sigma_n)_m = \frac{E_1 h_1^3 \sum\limits_{i=1}^{n} \gamma_i h_i}{\sum\limits_{i=1}^{n} E_i h_i^3} - \frac{E_1 h_1^3 \sum\limits_{i=1}^{m} \gamma_i h_i}{\sum\limits_{i=1}^{m} E_i h_i^3} \tag{5-2}$$

式中　$(\sigma_n)_m$——n 层岩层内,第 m 层岩层的作用应力;

　　　　E_i——第 i 层岩层的弹性模量;

　　　　h_i——第 i 层岩层的厚度;

　　　　γ_i——第 i 层岩层的体积力。

5.1.1.3　应力平衡模拟法

在数值模拟分析中,如果实测地应力主方向与模型施加应力场主方向存在倾角时,需要将实测的三个地应力分解到平行于模型施加应力的主方向和垂直于模型施加应力的主方向,模拟预测煤系地层原岩应力场,试验矿井煤系地层垂直应力场如图 5-3 所示。

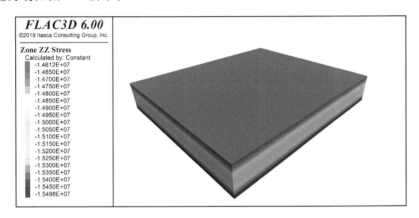

图 5-3　试验矿井煤系地层垂直应力场反演云图

5.1.2　采动煤岩支承应力演化规律

5.1.2.1　理论模型解析

采掘空间一侧塑性承载区内支承应力呈线性增加趋势,弹性承载区内的支承应力呈指数规律减小,获得采空区一侧煤体内支承应力函数模型见式(5-3)。在应力峰值及无限远处,支承应力分别为 K 倍的原岩应力和单倍的原岩应力,同时,对于塑性承载区,采空区边缘煤体支承应力简化为煤体残余承载强度,辅助面积理论[175]认为采空区上方部分岩层的重量向未开采区域和采空区中部转移,整个地层应力场处于平衡状态,可获得附加边界条件,模型参数求解方程见式(5-4),通过式(5-4)可建立任意条件下采动煤岩支承应力分布函数。

$$\sigma_y = \begin{cases} ax + b & x < x_0 \\ p\,e^{q(x_0-x)} + l & x \geqslant x_0 \end{cases} \tag{5-3}$$

$$\begin{cases} \sigma_y \big|_{x=0} = R_c \\ \lim\limits_{x \to x_0} \sigma_y = K\gamma H \\ \sigma_y \big|_{x=x_0} = K\gamma H \\ \lim\limits_{x \to \infty} \sigma_y = \gamma H \\ ax_0 + b = K\gamma H \\ \int_0^{x_0} (ax + b - \gamma H)\mathrm{d}x + \int_{x_0}^{+\infty} (K-1)\gamma H \mathrm{e}^{q(x_0-x)}\mathrm{d}x = \dfrac{1}{2}\gamma HL \end{cases} \tag{5-4}$$

式中 σ_y——采动煤岩体内支承应力;

        a——支承应力函数模型参数;

        b——支承应力函数模型参数;

        p——支承应力函数模型参数;

        q——支承应力函数模型参数;

        x_0——采空区一侧煤体塑性区宽度;

        x——采空区一侧煤岩体内任意一点距离采空区边缘的距离;

        l——支承应力函数模型参数;

        R_c——采空区一侧煤体边缘残余抗压强度;

        K——峰值应力集中系数;

        H——煤层埋深;

        γ——地层平均容重;

        L——采空区边缘至采空区中部恢复至原岩应力的距离。

5.1.2.2 物理模拟预测

随工作面开采,采空区面积逐渐增加,采空区上覆岩层重量逐渐向未开采区域煤岩体内转移,周围煤岩体内的采动支承应力处于动态变化状态,随工作面采动呈增加状态,增幅与距采空区边缘距离有关。

采动支承应力演化规律如图 5-4 所示。压力盒的监测频率被设置为 1 Hz,均监测相对值。随着工作面的采动,测点 P_1、P_2、P_3 依次由煤体底板进入采空区底板,采动支承应力呈缓慢增加、急速减小、趋于稳定的变化规律。增加区表明:随着工作面的推进,采空区悬顶面积逐渐增加,上方岩层的重量全部由未开采区煤体及底板岩层支撑,即未开采区煤体及底板岩层的支承应力逐渐增加。急速减小区表明:当煤层底板围岩上方煤体采空后,该处围岩进入采空区下方,失去了煤体对采动支承应力的传播作用,支承应力向更远处未开采煤体上方转移,此处的底板围岩支承应力迅速减小。趋于稳定区表明:当采空区上方顶板活动结束后,垮落岩层逐渐趋于稳定,采空区逐渐被压实,支承应力趋向于一个稳定值,负值表明采空区上方岩体没有完全压实采空区,部分重量靠采空区两侧煤岩体承担,支承应力略小于原岩应力。测点 P_1、P_2、P_3 均位于采空区底板岩层中,巷道开挖,以及邻近下区段工作面采动支承应力对其影响较小。

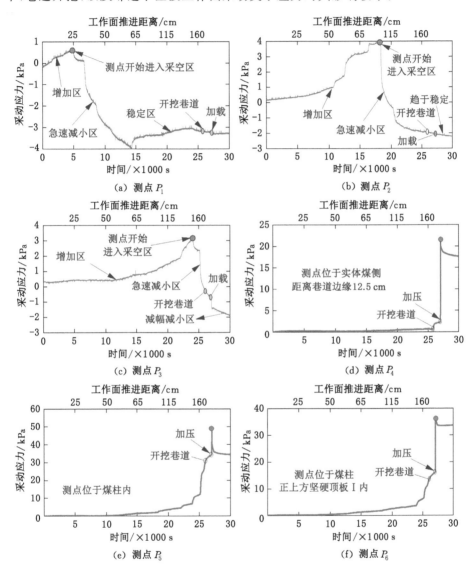

图 5-4　采动围岩支承应力时空特征

测点 P_4、P_5 位于采空区一侧煤体内,测点 P_6 位于煤体上方坚硬顶板 I 内。邻空巷道位于测点 P_4 和测点 P_5 之间。三个测点区域内的围岩采动支承应力均呈现缓慢增加、快速增加、急速增加、急速减小及趋于稳定的变化规律。采动支承应力缓慢增加是由工作面开挖导致采空区面积增加,采空区覆岩重量逐渐向两侧未开挖煤岩体转移引起;采动支承应力快速增加是因为采空区靠近监测点,测点处的围岩处于弹性变形阶段,支承应力显著增加,同时巷道开挖使部分支承应力向两侧未开挖区域转移;采动支承应力急速增加是下区段工作面采动超前支承应力的作用;采动支承应力急速下降是下区段工作面滞后侧向支承应力的作用;采动支承应力趋于稳定是下区段工作面滞后侧向支承应力稳定后的作用结果。

采空区一侧处于弹性变形阶段的煤岩体内,距离采空区越近,其采动支承应力增加越快。由于测点 P_4 位于距采空区较远处的实体煤内,其记录的采动支承应力快速增加阶段增幅较小,但受下区段工作面采动支承应力影响显著;测点 P_5 位于距采空区较近的煤柱内,其记录的采动支承应力快速增加阶段增幅较大,显著大于远离采空区处的采动支承应力增加值。P_6 测点位于煤柱上方坚硬顶板 I 内,其记录的采动支承应力快速增加阶段,增幅较大,但明显小于 P_5 测点处围岩采动支承应力增加值。

5.1.2.3 钻孔应力监测

采用 YHY-II 型钻孔压力连续记录仪。YHY-II 型钻孔压力连续记录仪是一种智能型信号记录监测仪,充分考虑了工程监测的实用性和可操作性。它具有结构紧凑、可连续记录、易于技术实施和信号提取等特点。记录信号采用红外数字信号采集仪采集至地面通过计算机进行信号分析评估,整个监测记录系统是传统煤层压力监测方式与研究评价的理想替代品。监测信息对分析总结矿压管理技术和经验积累有实践意义。该仪器由四个部分组成:压力信号监测记录分机、红外数据信号采集仪、红外数据计算机通信适配器以及数据分析软件。YHY-II 型钻孔压力连续记录仪组成部分如图 5-5 所示。

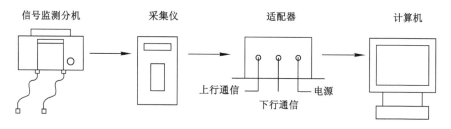

图 5-5 YHY-II 型钻孔压力连续记录仪

在采煤工作面前方一定距离的外围巷道煤柱帮布置一定深度的水平钻孔,安装 YHY-II 型钻孔压力连续记录仪,随着工作面的推进,钻孔与工作面的相对位置不断变化,一段时间后可以将工作面前后的移动支承应力影响程度和范围监测出来,测站布置如图 5-6 所示,监测的应力演化规律如图 5-7 所示。工作面采动支承应力在超前工作面 30 m 左右开始剧烈显现,最大应力升高值约为 11 MPa,分别位于工作面前方 12 m 和 29 m 处,工作面超前支承应力影响范围至少大于 30 m;工作面采动支承应力在工作面后方的影响程度和范围明显强于工作面前方,一直持续到工作面后方 200 m 左右,且没有收敛的趋势,最大应力升高值超过 27 MPa,工作面周期来压步距约 30~35 m。

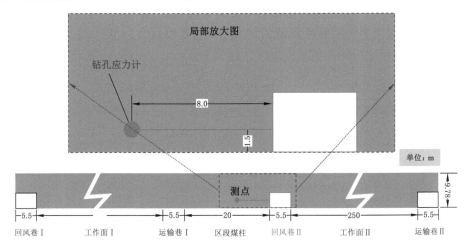

图 5-6 煤柱内钻孔应力计布置图

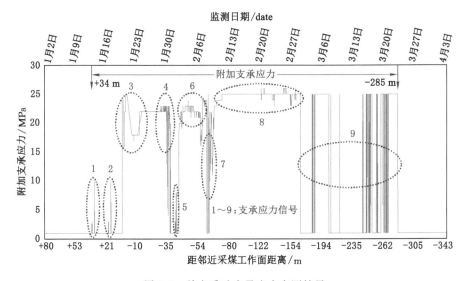

图 5-7 单点采动支承应力实测结果

5.1.3 采动煤岩动载应力强度特征

5.1.3.1 理论模型表征

① 冲击型动载强度。采空区上部岩梁承载软弱岩层重量、自身重量,工作面超前支承应力作用使上部悬臂梁一部分支撑力被解除,当达到该悬臂梁的极限承载能力时,悬臂梁发生破断,岩梁间的水平挤压力瞬间减小,当小于结构稳定所需水平挤压力时,采空区上部岩梁发生垮落运动,冲击采空区。基于"动荷系数法",求解上部岩梁失稳冲击采空区时的动载强度大小见式(5-5)。该模型中,上部岩梁垮落后的作用对象是垮落后的软弱岩层、下位坚硬顶板以及开采煤层直接底板。

$$\sigma_{DC} = \gamma_{垮} h_{垮} + \sqrt{\gamma_{垮}^2 h_{垮}^2 + \frac{2d_{垮} k_f \gamma_{垮} h_{垮}}{L_{垮}}} \tag{5-5}$$

式中 σ_{DC}——冲击型动载强度;

       $\gamma_{垮}$——垮落岩层的平均容重;

       $h_{垮}$——垮落岩层的平均厚度;

       $d_{垮}$——垮落岩层的平均下落距离;

       k_f——垮落岩层作用对象的抗压刚度;

       $L_{垮}$——垮落岩层的跨度。

② 断裂型动载强度。采空区侧向端部悬臂结构承载软弱岩层重量、自身重量及采动支承应力,当达到悬臂结构的抗剪强度或抗拉强度时,悬臂结构发生破断,积聚的弹性变形能将释放,作用到周围煤岩体,产生动载。依据"弹性变形能法",将该悬臂结构假定为悬臂梁,其破断前累计的弹性变形能将以固支段等效动力偶释放。根据弹性力学中的功能原理可求出等效动力偶,依据材料力学,可获得动力偶产生的平均动载强度,见式(5-6)。

$$\sigma_{DD} = \frac{9L_{悬}}{20h_{悬}^2}[4F_{悬} + 4F_{支} + 5F_{垮}] \tag{5-6}$$

式中 σ_{DD}——断裂型动载强度;

       $L_{悬}$——悬臂结构长度;

       $h_{悬}$——悬臂结构厚度;

       $F_{悬}$——悬臂结构及其上方软弱岩层的覆重;

       $F_{支}$——作用到悬臂结构的附加支承应力;

       $F_{垮}$——与悬臂结构同一层位的垮落岩块及其上方软弱岩层的覆重。

5.1.3.2 物理模拟结果

工作面采动引起采空区上方坚硬顶板发生弯曲下沉、断裂活动、垮落失稳的过程中伴随着显著的声发射现象（图 5-8 至图 5-10）。声发射探头监测频率被设定为 5×10^8 Hz，声发射响应阈值被设定为 30 dB。以测点处的声发射振铃计数、声发射能量和声发射振幅为指标，分析采动坚硬顶板活化过程中的动载特征。其中，振铃计数代表测点处达到声发射响应阈值的振动次数，能量是指单组振动开始到结束时的累积能量大小，振幅代表声发射震动强度。

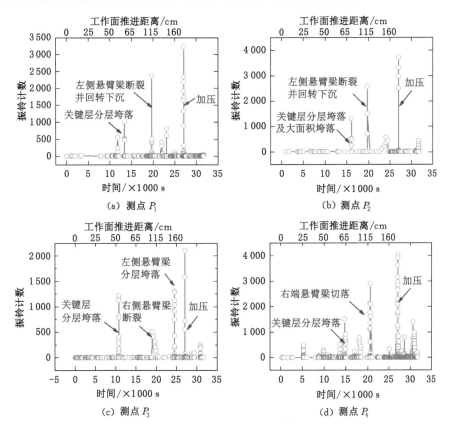

图 5-8　采动围岩声发射振铃计数特征

工作面采动过程中声发射振铃计数与坚硬顶板活化矿山压力显现存在明显的对应关系。当工作面推进距离小于 50 cm 时，测点 P_1、P_2、P_3 及 P_4 处的声发射振铃计数均接近于 0，变化较小；当工作面推进距离达到 60~65 cm 时，振铃计数存在突变，且存在间隔性多组振铃计数，最大振铃计数达到 1 200 次（测点 $P_1 \sim P_4$），此时对应靠近开采煤层的厚层坚硬直接顶板的初次断裂、分层初次垮落、分层多次垮落、完全垮落等矿山压力显现。当工作面推进至 105 cm 时，

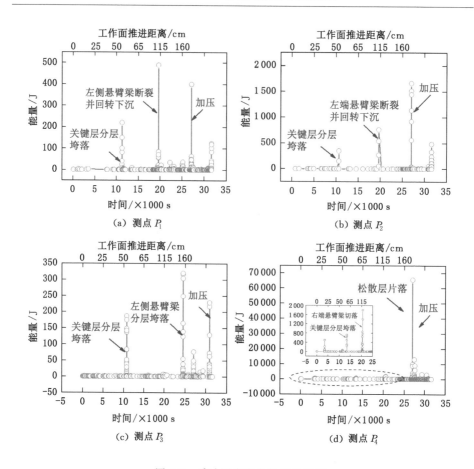

图 5-9　采动围岩声发射能量特征

测点 P_3 及 P_4 处振铃计数出现突变,存在间隔性多组振铃计数,最大振铃计数达到 510 次,此时,工作面右侧的悬臂梁发生断裂,靠近开采煤层的坚硬顶板承载的软弱岩层完全垮落。当工作面推进至 115 cm 时,测点 P_1 及 P_2 处振铃计数出现突变,呈现间隔性多组振铃计数,最大振铃计数达到 2 600 次,此时,工作面左侧悬臂梁断裂,并回转下沉。当工作面推进至 120 cm 时,测点 P_1 和 P_4 处振铃计数出现突变,呈现间隔性多组振铃计数,最大振铃计数达到 2 900 次,此时,工作面右端悬臂梁发生切落现象,更上层坚硬顶板中央出现竖向裂缝。当工作面推进至 145~160 cm 时,测点 P_1~P_4 处均出现不同程度的振铃计数,呈现间隔性分组特征,最大振铃计数为 1 300 次左右,此时,工作面两侧的悬臂梁出现断裂,且随工作面的推进,左侧悬臂梁出现分层垮落现象。当模拟下区段工作面采动超前支承应力时,测点 P_1~P_4 处振铃计数均出现较大突变,呈间隔性分

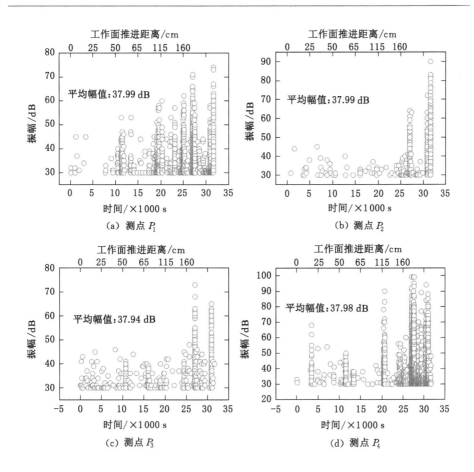

图 5-10 采动围岩声发射振幅特征

组特征,最大振铃计数达 4 100 次,此时,更上层坚硬顶板悬空中部竖向裂缝逐渐扩展,发生初次断裂和垮落现象,垮落后冲击采空区岩层,同时二维模型前后无约束,软弱岩层部分片落,煤柱上方坚硬顶板断裂。

与振铃计数相似,工作面采动过程中测点 $P_1 \sim P_4$ 处的能量变化与采动坚硬顶板活化存在明显的对应关系,即坚硬顶板出现断裂、垮落、裂缝扩展以及软弱岩层片落的过程,测点处的能量均会出现突变和间隔性分组特征,监测最大能量在模拟下区段工作面超前采动支承应力作用下更上层坚硬顶板断裂和垮落冲击采空区的能量大小,达到 65 000 J。

与振铃计数和能量相比,工作面采动过程中测点 $P_1 \sim P_4$ 处的声发射振幅呈增加趋势,超过 30 dB 的信号呈增加趋势。工作面开挖初期,坚硬顶板悬空面积较小,活动不明显,测点处的声发射强度超过 30 dB 的信号较少,强度较小;随着工作面推进距离的增加,坚硬顶板出现初次断裂、周期断裂、初次垮落和周期垮落现象,声发射强度超过 30 dB 的信号呈增加趋势,强度呈增加趋势;模拟下区段工作面采动超前支承应力作用下坚硬顶板活化产生的声发射振幅最大,最大值可达 100 dB。

5.2 动静载叠加作用邻空煤巷变形特征

5.2.1 采动邻空煤巷分类特征

工作面开采初期,软弱直接顶板随采随冒,上方的坚硬顶板悬而不垮,呈悬空状态,就像房顶一样。随着工作面的继续推进,悬空顶板的跨度逐渐增加,当达到极限跨距时,悬空顶板会发生 O-X 型初次断裂,断裂后的岩块发生回转下沉,呈断裂回转状态。随着工作面的继续推进,采空区上方悬空顶板会发生周期性断裂和回转下沉运动,最终处于稳定状态,在采空区侧向形成稳定的承载结构,该稳定承载结构一侧由采空区冒落矸石支撑,一侧由实体煤支撑,处于稳定状态。按照采掘时空关系,将邻空煤巷划分为多巷掘进工程、沿空掘巷工程、沿空留巷工程、迎采掘巷工程、遗留煤柱底板掘巷、邻近采空区开拓巷道工程等类型,每类邻空巷道遭受的采动影响的时空不同,面临的采动支承应力扰动时间亦有差异,需要具体分析每种类型的承载特征,变形规律与控制技术等。

5.2.1.1 多巷掘进工程

多巷掘进工程主要用于布置长壁工作面综采工作面的回采巷道,多条巷道同时掘进圈定采煤工作面,如图 5-11 所示。中国普遍采用双巷掘进布置回采巷道,区段煤柱宽度一般为 20 m,美国一般采用多巷掘进布置回采巷道,累计煤柱宽度可达 60 m,澳大利亚多采用双巷掘进布置回采巷道,区段煤柱宽度一般为 30 m。

在上区段工作面运输平巷和下区段回风平巷之间留设一定宽度的煤柱,使下区段回风平巷避开上区段工作面侧向支承应力的扰动作用。采煤工作面一侧存在多条回采巷道,其中至少有一条巷道要服务于相邻两个工作面。该巷道将经历多巷掘进时期的原岩应力扰动作用、一侧工作面采动全程动压作用、另一侧工作面采动动压作用,如果煤柱宽度留设不合适,该巷道将产生大变形破坏,影响其正常使用,制约工作面安全高效生产。当区段煤柱宽度较大时,可以避开一侧工作面采动影响,但这种布置方式将造成大量的煤炭资源浪费,降低了采出率。

5.2.1.2 沿空掘巷工程

沿空掘巷工程是指待上区段工作面采动影响稳定后,沿着已稳定采空区的

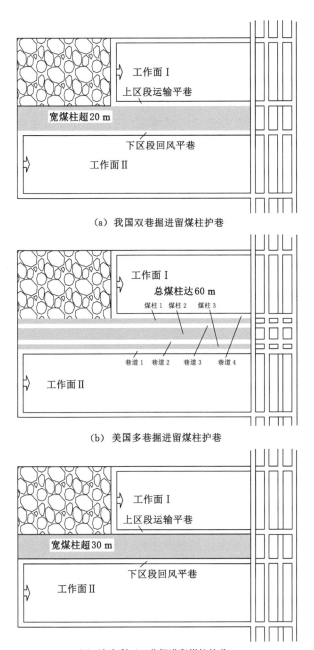

（a）我国双巷掘进留煤柱护巷

（b）美国多巷掘进留煤柱护巷

（c）澳大利亚双巷掘进留煤柱护巷

图 5-11　多巷掘进工程布置方式

边缘,在煤体内重新掘进一条巷道,使该巷道布置在应力降低区,如图 5-12 所示。沿空掘巷布置在该稳定承载结构下方的煤体内,避开了该结构断裂回转下沉的影响。悬空顶板断裂及回转下沉过程中,在采空区一侧煤岩体内形成了侧向支承应力。从采空区煤壁到煤体深部,依次形成了应力降低区、应力升高区和原岩应力区。沿空掘巷应布置在采空区边缘支承应力降低区范围,有利于巷道围岩稳定。沿空掘巷布置在已稳定采空区的边缘煤体内,煤柱损失大大减小。按照沿空掘巷与采空区的位置关系,将沿空掘巷划分为完全沿空掘巷、留小煤墙沿空掘巷和保留老巷部分断面的沿空掘巷三种类型。

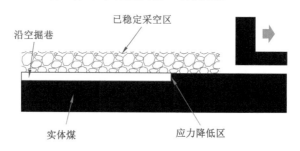

图 5-12 沿空掘巷工程布置图

5.2.1.3 沿空留巷工程

沿空留巷工程是指在工作面采动过程中,采用一定的技术手段,将工作面一侧回采巷道保留下来,供下区段工作面回采时作为回风巷使用,如图 5-13 所示。沿空留巷紧挨着工作面采空区,其将经历掘巷期间原岩应力扰动作用、本工作面回采期间动压扰动作用以及下区段工作面回采期间动压扰动作用。与多巷掘进工程类似,该巷道将遭受采空区上方承载结构断裂及回转下沉的作用,引起没有区段煤柱保护,动压现象更加明显。该种巷道布置方式的关键在于巷旁支护、巷内支护以及卸压控制等。目前应用较为广泛的有高水材料充填沿空留巷、柔膜混凝土充填沿空留巷、切顶沿空留巷或者前几种的组合形式。

5.2.1.4 迎采掘巷工程

迎采掘巷工程是指在相邻工作面开采过程中,与相邻工作面间留设一定宽度的保护煤柱,紧挨着保护煤柱掘进一条巷道,如图 5-14 所示。迎采掘巷在时空上分别受到原岩应力、相邻工作面超前支承压力、相邻工作面侧向支承压力以及本工作面超前支承压力循环加载作用,顶板弯曲下沉严重,支护体易于失效,导致巷道整体失稳。类似于多巷掘进工程和沿空留巷工程,迎采掘巷工程将遭受采空区上方承载结构断裂与回转下沉的影响,矿压显现强度介于多巷掘进与沿空留巷之间。

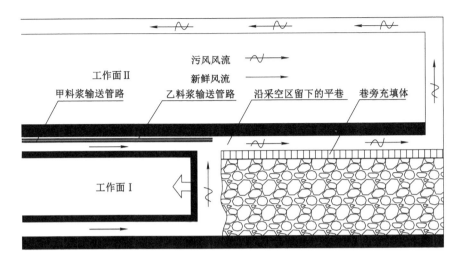

图 5-13　沿空留巷布置平面图

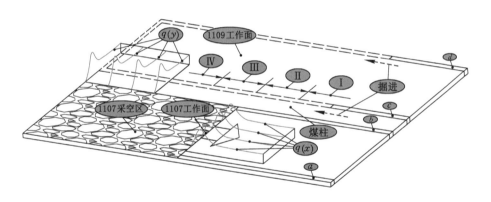

图 5-14　迎采掘巷工程布置三维示意图

　　迎采掘巷可以有效解决单翼开采矿井普遍存在的采掘接替紧张的难题,控制迎采掘巷围岩稳定的关键是煤柱的合理留设、顶板稳定性控制、停止掘巷时机、重新掘巷时机、支护方式和支护时机等。

5.2.2　采动邻空煤巷变形规律

5.2.2.1　双巷掘进邻空煤巷变形规律

　　双巷掘进邻空煤巷整个服务期内承受原岩压力、邻近采煤工作面超前支承压力、邻近采煤工作面滞后支承压力、本工作面回采超前支承压力作用,各时期的围岩变形规律如图 5-15 所示。双巷掘进期间，巷道顶底板移近量为 50 mm 左右，两帮移近量为 30 mm 左右，巷道变形量较小，在距掘进头 50 m 以后巷道表面位移逐渐趋于稳定。受邻近工作面采动影响，巷道在邻近工作面前方 30～40 m 时巷道顶底板移近量和两帮移近量开始有明显的增加，巷道开始受到邻近工作面采动影响。超前工作面段巷道整体变形量不大。进入邻近工作面后方，临近工作面带来的采动影响逐渐明显，巷道变形加剧。在工作面后方 0～50 m 范围内，巷道顶底板移近量和两帮移近量的增加幅度与在工作面前方时相比略有增加但不剧烈；在工作面后方 50 m 以后巷道围岩变形加剧，变形量持续大幅增加，其中底鼓量增大较为明显；工作面后方 150 m 之后巷道顶板下沉量、底鼓量和两帮移近量的增大趋势显著减小，巷道围岩变形逐渐趋于稳定；在工作面后方 200 m 以后，巷道移近量基本稳定，最终巷道的底鼓量达到 420 mm，顶板下沉量和两帮移近量在 250 mm 左右。在本工作面回采期间，超前工作面 110 m 开始巷道顶板下沉量和两帮移近量开始明显增加，而底鼓量从超前工作面 120 m开始显著增加；超前工作面 80 m 底鼓量开始显著增大，超前 50 m 顶板下沉量显著增大，超前 60 m 两帮移近量开始显著增加；最终顶板下沉量为 310 mm，底鼓量为 530 mm，两帮移近量为 400 mm，巷道可以满足回采期间的使用要求。

5.2.2.2 沿空掘巷邻空煤巷变形规律

沿空掘巷邻空煤巷整个服务期内将承受邻近采空区侧向支承压力作用和本工作面回采超前支承压力作用。其中本工作面回采期间的变形规律与图 5-15 类似，区别在于变形速率和累计变形量不同。掘巷期间邻近采空区侧向支承压力作用下的变形规律如图 5-16 所示。巷道顶底移近量和两帮移近量变形规律类似，均呈现快速增加、缓慢增加、趋于稳定的变化趋势，累计移近量为 285 mm 和 215 mm，围岩变形在可控范围内，能够满足正常的生产需求。

5.2.2.3 沿空留巷邻空煤巷变形规律

沿空留巷邻空煤巷在整个服务期内将遭受掘巷时期原岩应力作用、本工作面回采超前动压作用、本工作面回采滞后动压作用、邻近工作面回采超前动压作用。留巷时期的巷道变形规律如图 5-17 所示。两帮移近量和顶底板移近量均呈现阶梯形增加、趋于稳定的变化趋势，顶底移近量显著高于两帮移近量，原因在于底板无支护，是该类巷道变形的主要部位。顶底板累计移近量约为 500 mm，两帮移近量约为 200 mm。

5.2.2.4 迎采掘进邻空煤巷变形规律

迎采掘进邻空煤巷在巷道掘进期间承受原岩压力、邻近采煤工作面超前支承压力、邻近采煤工作面侧向支承压力的作用下，围岩变形被分成四个阶段："急

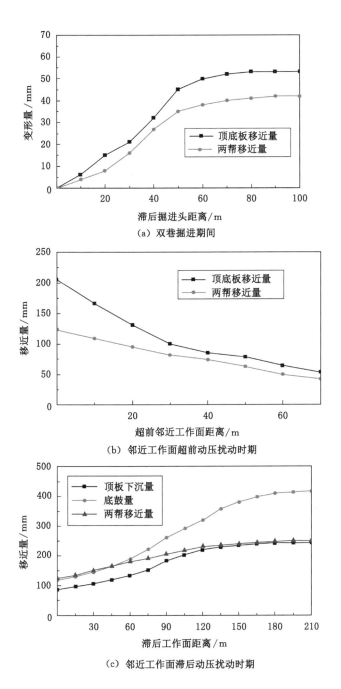

(a) 双巷掘进期间

(b) 邻近工作面超前动压扰动时期

(c) 邻近工作面滞后动压扰动时期

图 5-15 双巷掘进邻空煤巷变形规律

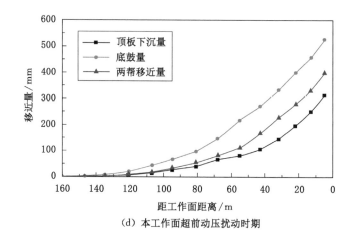

（d）本工作面超前动压扰动时期

图 5-15 （续）

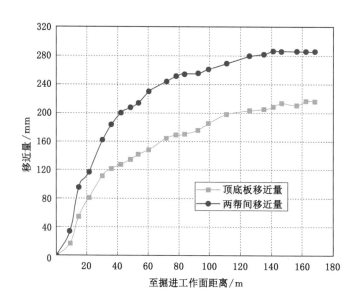

图 5-16 沿空掘巷邻空煤巷变形规律

速变形、近零速变形、加速变形、低速变形"，如图 5-18 所示。急速变形阶段：巷道开挖，形成自由空间，应力场重新分布，引起围岩短期内急速变形释放应变能，形成峰值变形速率。近零速变形阶段：应力场稳定后，围岩本身形成承载体，变形速率近似为零。加速变形阶段：受邻近采煤工作面超前支承压力和动态侧向

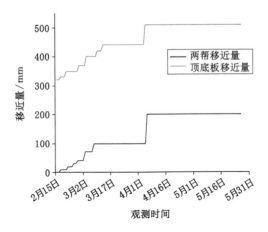

图 5-17 沿空留巷邻空煤巷变形规律

支承压力的作用,应力场动态变化,不能及时平衡,导致围岩变形速率上下波动,并在邻近工作面前方和后方出现峰值变形速率。低速变形阶段:邻近采煤工作面动压影响结束后,应力场再次趋于稳定,围岩缓慢变形。

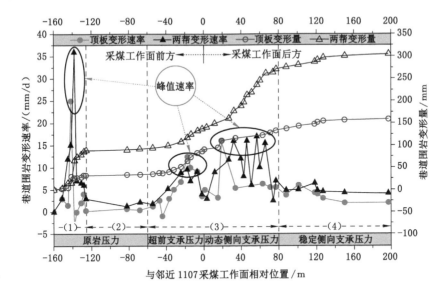

图 5-18 迎采掘巷邻空煤巷变形规律

5.2.3 采动邻空煤巷破裂特征

以沿空留巷邻空煤巷为例,采用钻孔窥视的方式获得留巷时期围岩不同深度处的钻孔围岩破裂特征,如图 5-19 所示。沿空留巷顶板中部钻孔前段部分比较破碎且裂隙比较明显,受到本工作面采动影响剧烈。沿空留巷顶板岩层总体偏破碎,纵向和横向裂隙发育明显,主要由采动动压扰动和顶板岩层岩性导致。钻孔围岩表面凹凸不平,有一些碎块存在,顶板裂纹、破碎情况比较明显。

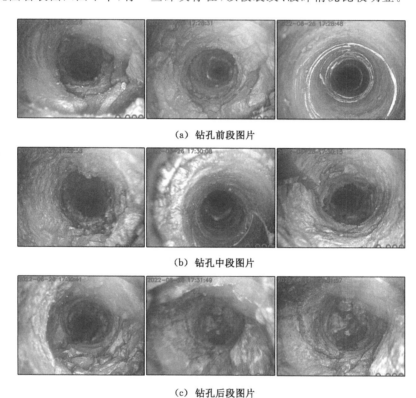

(a) 钻孔前段图片

(b) 钻孔中段图片

(c) 钻孔后段图片

图 5-19　爆破前顶板窥视截图

5.3 动静载叠加作用邻空煤巷破坏机理

5.3.1 原岩应力扰动煤巷围压弹塑性破坏

邻空煤巷掘进期间普遍承受原岩应力作用,巷道掘进诱使围岩应力重新分布,并伴随围岩弹塑性变形破坏。由于非圆形巷道围岩应力很难求其解析解,所以由当量半径折算法可以求出该类巷道围岩应力的近似解[176]。以矩形巷道断面 5 m×3 m 为例,其当量半径 r 为 2.92 m,带入圆形巷道围岩应力分布解析函数可得该类巷道近似解析解,见式(5-7):

$$\begin{cases} \sigma_\rho = \dfrac{\lambda_1 P}{2}\left[(1+\lambda)\left(1-\dfrac{r^2}{\rho^2}\right)-(1-\lambda)\left(1-4\dfrac{r^2}{\rho^2}+3\dfrac{r^4}{\rho^4}\right)\cos 2\theta\right] \\[3mm] \sigma_\theta = \dfrac{\lambda_1 P}{2}\left[(1+\lambda)\left(1+\dfrac{r^2}{\rho^2}\right)+(1-\lambda)\left(1+3\dfrac{r^4}{\rho^4}\right)\cos 2\theta\right] \\[3mm] \tau_{\rho\theta} = -\dfrac{\lambda_1 P}{2}(\lambda-1)\left(1+\dfrac{2r^2}{\rho^2}-\dfrac{3r^4}{\rho^4}\right)\sin 2\theta \end{cases} \quad (5\text{-}7)$$

式中　　σ_ρ——极坐标下一点的径向应力,MPa;

σ_θ——极坐标下一点的环向应力,MPa;

$\tau_{\rho\theta}$——极坐标下一点的切向应力,MPa;

P——垂直面力集度,取为 12.5 MPa;

λ——实际的侧压系数,取为 1.2;

λ_1——超前支承压力集中系数[1,5,6],$0<\lambda_1<6$;

r——直墙半圆拱形巷道的当量半径,取为 2.92 m;

ρ——极坐标系下的极半径,m;

θ——极坐标系下的极角,弧度 $0<\theta<2\pi$。

根据应力分量的坐标变换公式[177],将极坐标下的应力分量 σ_ρ、σ_θ、$\tau_{\rho\theta}$ 变换为直角坐标系下的应力分量 σ_x、σ_y、τ_{xy};根据一点的二向应力状态图解法,可以计算巷道周围任意一点所对应应力圆的半径 r_y 和圆心坐标(x,y);在平面直角坐标系中,由点到直线距离公式,可求出应力圆圆心到摩尔包络线的距离 d。根据摩尔-库仑准则,当一点的应力圆与摩尔包络线相切时,岩石达到破坏的临界状态。将应力圆半径与应力圆圆心到摩尔包络线的距离之差 f 作为判断巷道围岩破坏的基准,结果见表 5-2。

表 5-2　基于摩尔-库仑准则的巷道围岩破坏基准

f	$f>0$	$f=0$	$f<0$	令 $f=0$,$0<\theta<2\pi$	给定 ρ,令 $f>0$,$0<\theta<2\pi$
岩石状态	未破坏	临界	已经破坏	塑性区范围	f 越小越容易破坏

绘制该巷道的塑性区如图 5-20 所示,巷道顶底板相对于巷道两帮塑性区发育,因为现场巷道顶板是锚网索联合支护,所以顶板下沉量很小。而巷道底板没有任何处理,所以巷道底鼓非常严重。巷道顶底板处 f 值大于零,但最小,所以

此处最先破坏,是危险区域,需要加强支护。图 5-20(a)中实心曲线代表应力集中系数为 1 时巷道围岩塑性区范围,随着应力集中系数的增加,围岩塑性区呈增加趋势,圆滑曲线代表应力集中系数为 6 时的塑性区范围,理论上该巷道塑性区范围不会超过圆滑所围区域,此时最大塑性区半径 $\rho=5.25$ m 在巷道顶底板位置,距离巷道围岩表面 2.33 m,对于现场锚杆支护有一定的指导作用。

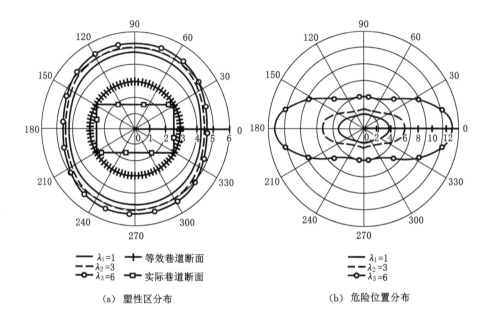

（a）塑性区分布　　　　　　　（b）危险位置分布

图 5-20　巷道围岩塑性区和危险位置

5.3.2　采动应力扰动邻空煤巷弹塑性破坏

① 挠曲模型的建立。煤系地层以沉积岩为主[178],顶板可视为梁结构,该模型在动态支承压力作用下会产生挠曲变形,其挠度见式(5-8)。式中,ω 为挠度函数;x 代表巷道与邻近采煤工作面的空间位置关系;l 为梁的长度;y 为梁轴线上的点距离梁轴线中点的距离;E 为梁弹性模量;h 为梁的厚度;b 为梁的宽度;$q(x)$ 为支承应力函数。

$$\omega(x,y)=-\frac{q(x)l^4}{32Ebh^3}(5-24\frac{y^2}{l^2}+16\frac{y^4}{l^4}) \tag{5-8}$$

② 破坏准则。顶板挠曲破坏由纯弯曲($\sigma_n=0$;$\sigma_x=0$;$\tau_{yx}=0$)正应力 σ_y 引起,可求出巷道顶板内正应力,见式(5-9),取 $n=\pm h/2$ 时可得最大弯曲正应力,见式(5-10)。某点的应力状态确定后,可以确定该点的应力圆圆心和半径。

根据摩尔-库仑准则,当一点的应力圆与摩尔包络线相切时,该点达到破坏的临界状态。由点到直线距离公式可以求出圆心到包络线的距离,将该距离与应力圆半径之差作为巷道顶板挠曲破坏的准则,见式(5-11)。其中 f 值小于零说明岩石破坏呈塑性状态,f 值大于零说明岩石未发生破坏呈弹性状态,f 值等于零说明岩石达到破坏的临界状态。迎采动面沿空掘巷的 I、II、III 三个阶段,顶板均会受到 $q(x)$ 的作用,基于此,可以研究迎采动面沿空掘巷不同阶段覆岩挠曲变形破坏规律,确定关键技术参数,为设计巷道掘进方案提供理论依据。

$$\sigma_y(y,n,x) = \frac{q(x)n}{2bh^3}(3l^2 - 12y^2) \tag{5-9}$$

$$\sigma_y(y,x) = \frac{q(x)}{4bh^2}(3l^2 - 12y^2) \tag{5-10}$$

$$f(x,y) = \frac{q(x)}{8bh^2}(3l^2 - 12y^2)(\frac{\tan\varphi}{\sqrt{\tan^2\varphi + (-1)^2}} - 1) + \frac{C}{\sqrt{\tan^2\varphi + (-1)^2}} \tag{5-11}$$

式中　n——梁厚度方向距梁中性轴距离;

　　　C——岩石凝聚力;

　　　φ——岩石内摩擦角;

　　　σ——摩尔-库仑准则中的正应力。

三个阶段顶板弹塑性变形和破坏三维视图如图 5-21 所示,阶段 I 巷道覆岩处于原岩应力状态下,未出现塑性破坏区,顶板中心是围岩破坏的危险位置;阶段 II 巷道覆岩处于动态支承压力作用下,出现轴向和横向的移动性塑性破坏区;阶段 III 巷道覆岩处于邻近工作面后方稳定侧向支承压力作用下,形成附加塑性破坏区,呈静态似三角形分布。详细的分析和讨论如下:

阶段 I 时巷道顶板处于原岩应力状态。通过分析可知,巷道顶板横向挠曲变形似抛物线变化,而轴向挠曲变形基本无变化,即原岩应力只影响巷道横向挠曲变形而不影响轴向变形,最大挠度发生在巷道顶板断面中间,值为 18 mm。通过对比 f 曲面和基准面的位置关系来确定阶段 I 巷道顶板弹塑性破坏状态,f 曲面位于基准面之上的区域被称为弹性区,f 曲面位于基准面以下的区域被称为塑性区。基于此,在阶段 I,f 曲面全部位于基准面之上,覆岩只发生弹性变形而无塑性破坏。但是顶板中间最接近基准面,是围岩从弹性状态变为塑性状态的开始区域,即围岩控制的关键部位。

阶段 II 分为超前动压和滞后动压两个阶段,动压超前段顶板上覆岩层在邻近工作面移动支承压力作用下有:① 邻近工作面前方 35 m 范围内,发生截面横向挠曲和轴向挠曲变形,最终在邻近工作面前方 20 m 范围内形成挠曲盆地,最

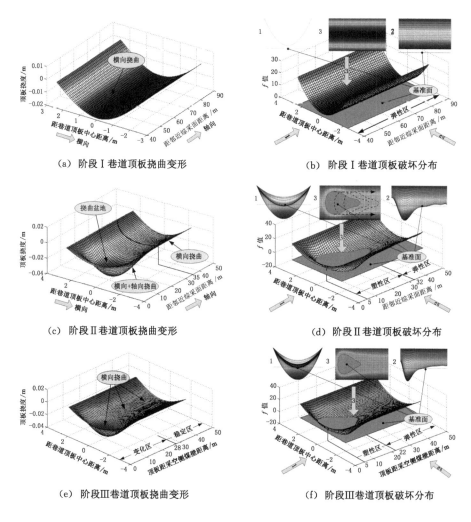

（a）阶段Ⅰ巷道顶板挠曲变形　　　　　（b）阶段Ⅰ巷道顶板破坏分布

（c）阶段Ⅱ巷道顶板挠曲变形　　　　　（d）阶段Ⅱ巷道顶板破坏分布

（e）阶段Ⅲ巷道顶板挠曲变形　　　　　（f）阶段Ⅲ巷道顶板破坏分布

图 5-21　巷道顶板弹塑性分布

大挠度为 36 mm；② 邻近工作面前方 35 m 以后，顶板只发生横向的挠曲变形。f 曲面与基准面交线所围范围即为巷道顶板覆岩塑性破坏区，呈现出明显的规律：① 塑性破坏区发生在邻近工作面前方 5～32 m 范围内，似梨形分布；② 移动支承压力的动态特性决定了 32 m 之后的覆岩弹性区将经历同样的塑性发展，形成移动性梨形塑性破坏区；③ 塑性破坏区沿巷道轴向最终将发展成矩形分布，而最前端仍是梨形；④ 塑性破坏区最大范围发生在移动支承压力峰值位置，即邻近工作面前方 10 m 处。动压滞后段，覆岩塑性破坏区以同样的规律向巷道横向发展,形成移动横向塑性破坏区。但其破坏过程很难定量描述,只能与阶段Ⅲ对比分析。最终阶段Ⅱ巷道随邻近工作面的移动形成移动性覆岩塑性破坏区。

　　阶段Ⅲ巷道顶板覆岩在邻近采空区稳定侧向支承压力作用下有:① 挠曲变形随着煤柱宽度的增加呈现出三种状态——增加、减小和稳定;② 将挠曲变形分为变化区和稳定区,变化区为0~28 m煤柱范围,稳定区为大于28 m煤柱范围。巷道顶板形成附加塑性破坏区:① 覆岩塑性破坏区发生在邻近采空区煤帮前方5~22 m范围内,似三角形分布;② 稳定侧向支承压力决定了塑性破坏区不会继续扩展;③ 塑性破坏区横向最大范围发生在侧向支承压力峰值位置,即邻近采空区煤帮前方12 m处。与阶段Ⅱ相比,称之为附加静态塑性破坏区。由于阶段Ⅱ动态侧向支承压力形状类似于阶段Ⅲ稳定侧向支承压力,只是峰值位置比阶段Ⅲ峰值位置靠近邻近采空区煤帮,且当巷道滞后邻近工作面25 m至50 m范围内时,动态侧向支承压力峰值大小大于静态支承压力峰值大小,说明阶段Ⅱ覆岩塑性破坏范围要小于阶段Ⅲ附加静态似三角形塑性破坏区。可以称之为动态似三角形塑性破坏区。

5.3.3　动载应力波扰邻空煤巷弹塑性破坏

　　巷道围岩在动静载叠加作用下的塑性区分布,如图5-22所示。静载作用下,巷道顶板、底板、帮部浅部围岩产生应力集中,当承载应力达到围岩破坏的极限状态时,围岩进入塑性破坏状态,形成塑性区。静载应力的增加可显著提高围岩塑性破坏区大小,可提高巷道围岩塑性破坏区对动载应力幅值的响应敏感性程度。在三向等压状态下,浅部围岩发生拉破坏、剪切破坏以及拉剪破坏,以剪切破坏为主,其中,拉剪破坏主要发生在最靠近巷道表面的浅部围岩,纯剪切破坏发生在较深部围岩。当静载应力为12.5 MPa时,围岩最大塑性破坏区位于巷道顶板,深度为4 m,拉剪破坏区深度为1 m,随着动载应力幅值从0.0 MPa增加到20.0 MPa,围岩最大塑性破坏区显著增加,由4 m增加到11 m,拉剪破坏区深度由1 m增加到3 m,塑性破坏区范围显著增加。当静载应力为25.0 MPa时,巷道顶板、底板、帮部塑性破坏区范围相当,深度均为5 m,拉剪破坏区深度为1 m,随着动载应力幅值从0.0 MPa增加到20.0 MPa,围岩最大塑性破坏区由5 m增加到11 m,最大塑性破坏区发生在巷道顶板及一侧帮部,拉剪破坏区深度由1 m增加到2 m,发生在巷道顶板浅部围岩。当静载应力为37.5 MPa时,随着动载应力幅值从0.0 MPa增加到20.0 MPa,围岩最大塑性破坏区由7 m增加到11 m,最大塑性破坏区发生在巷道顶板,拉剪破坏区深度由1 m增加到2 m,发生在巷道顶板浅部围岩。

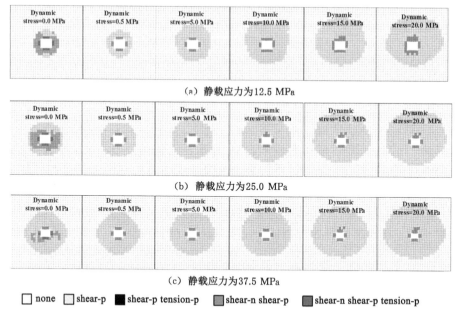

（a）静载应力为12.5 MPa

（b）静载应力为25.0 MPa

（c）静载应力为37.5 MPa

□ none　□ shear-p　■ shear-p tension-p　■ shear-n shear-p　■ shear-n shear-p tension-p

图 5-22　动静载叠加作用下围岩塑性破坏区

　　用动载扰动后围岩塑性区宽度与扰动前静载应力作用下的围岩塑性区宽度的比值作为巷道围岩的动载塑性区扰动强度。动静载叠加作用下,巷道顶板、底板、帮部围岩动载塑性区扰动强度分布规律如图 5-23 所示。高静载可显著提高围岩塑性承载区宽度,高动载幅值可显著提高围岩塑性承载区宽度,高静载可提高围岩塑性承载区宽度的动载响应阈值。顶板、底板、帮部围岩塑性承载区宽度对动载的响应敏感性程度由大到小排序依次为帮部、顶板、底板。当静载分别为 12.5 MPa、25.0 MPa、37.5 MPa 时,巷道顶板围岩塑性承载区宽度分别为 4 m、5 m、7 m,底板围岩塑性承载区宽度分别为 4 m、5 m、7 m,帮部围岩塑性承载区宽度分别为 3 m、5 m、7 m。当静载为 12.5 MPa 时,随着动载幅值由 0.0 MPa 增加到 20.0 MPa,巷道顶板塑性区扰动强度由 1.0 增加到 2.75,底板塑性区扰动强度由 1.0 增加到 1.75,帮部塑性区扰动强度由 1.0 增加到 3.67,增幅显著,巷道顶板、底板、帮部塑性承载区扰动强度开始增加的动载强度均为 5.0 MPa,即当动载为 0.5 MPa 时,围岩塑性承载区宽度没有变化。当静载强度为 25.0 MPa 和 37.5 MPa 时,围岩塑性承载区扰动强度存在类似的变化规律,尤其是当静载为 37.5 MPa 时,顶板及帮部围岩塑性承载区扰动强度开始增加的动载幅值为 10.0 MPa,底板围岩塑性承载区宽度开始增加的动载幅值为 15.0 MPa。

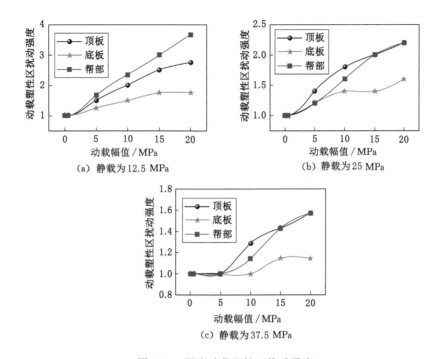

图 5-23 围岩动载塑性区扰动强度

5.4 动静载叠加作用邻空煤巷稳定控制

5.4.1 结构改造优化围岩应力状态

近距离煤层采用沿空留巷后巷道围岩压力主要受工作面采动后上覆岩层运动影响,故上覆岩层的承载结构决定了沿空留巷围岩所承受采动强度。通过对切顶垮落和自然跨落法各区域上覆岩层围岩结构特征进行分析,建立顶板悬梁承载力学模型,推导自然垮落法和切顶垮落法巷旁支护阻力计算公式,并计算各分区其在切顶与不切顶状态下的巷旁支护阻力,从而确定近距离煤层沿空留巷分区承载特征。

5.4.1.1 邻空煤巷覆岩承载结构特征

悬臂梁假说认为工作面采动后顶板会形成梁或者组合梁结构,故自然垮落后工作面端头侧向坚硬顶板会形成悬臂梁结构。邻空煤巷各区域围岩结构特征如图 5-24 所示,自然垮落法采空区段、实体煤段和紧邻煤柱段均会在上覆岩层细粒砂岩和中粒砂岩坚硬岩层形成悬臂结构,不容易断裂,此时上覆岩层会整体

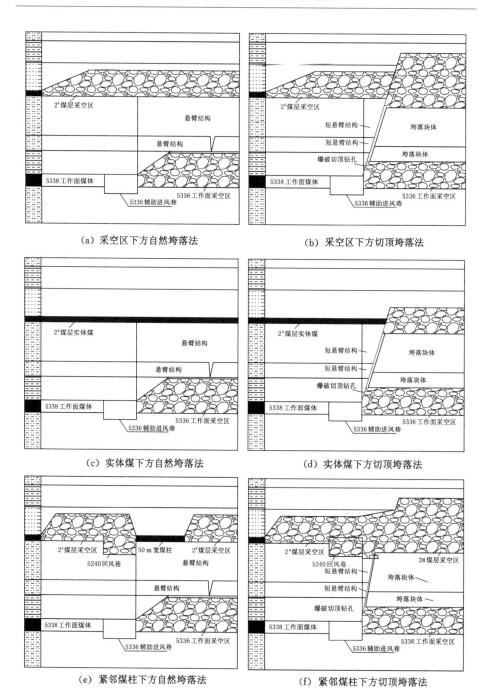

（a）采空区下方自然垮落法 （b）采空区下方切顶垮落法

（c）实体煤下方自然垮落法 （d）实体煤下方切顶垮落法

（e）紧邻煤柱下方自然垮落法 （f）紧邻煤柱下方切顶垮落法

图 5-24 近距离煤层下位邻空煤巷围岩承载结构特征

偏转下沉,从而导致巷道受到较大的采动应力;而切顶垮落法下可以通过人工切顶,让上覆岩层细粒砂岩和中粒砂岩坚硬岩层出现断裂,此时上覆岩层长悬臂梁结构会变成短悬臂梁和垮落岩块。

5.4.1.2 采动覆岩垮落高度

由于岩石本身具有碎胀性,故其破碎后体积大于其原本体积。沿空留巷进行切顶卸压后,其工作面开挖所形成的采空区主要是由破碎岩块堆积形成,此时破碎岩块的碎胀性和挤压所产生的侧向压力是留巷稳定性的决定性因素[179]。在超前工作面继续爆破切顶后,切顶侧顶板垮落后能否完全充满采空区,直接会影响到上覆岩层的活动规律和断裂情况。如果顶板垮落后破碎岩块可以有效支撑上覆岩层,则可以使支撑点往前移,这样会极大程度上减弱上覆岩层下沉量,从而改变巷道围岩应力环境,从而有效降低巷道表面变形量。

大量专家学者[180-182]采用理论分析、数学建模与现场应用相结合的方法对岩石碎胀系数进行研究,将采空区顶板垮落分为 3 个阶段:① 快速压实阶段,从 1.85 左右快速降低至 1.40 左右;② 初步稳定阶段,碎胀系数从 1.40 左右缓慢降低至 1.38 左右;③ 缓慢压实阶段,碎胀系数基本保持不变。岩石的垮落体积与碎胀系数有关,垮落高度 h 见式(5-12)。

$$h = \frac{M_H}{K_Z - 1} \tag{5-12}$$

式中 h——顶板垮落高度;

M_H——开采高度;

K_Z——顶板的碎胀系数。

工作面采高 $M_H = 2.5$ m,取碎胀系数 $K_Z = 1.42$,计算可得工作面垮落高度 $h = 5.95$ m,则基于岩体碎胀理论确定切顶高度应该不小于 5.95 m。

5.4.1.3 力学模型建立

根据邻空煤巷围岩结构特征,对顶板悬梁结构受力情况进行简化分析,自然垮落法和切顶垮落法下顶板力学模型如图 5-25 所示。将顶板看作板结构进行分析,则随着工作面的推进,基本顶岩层发生"O-X"型破断,端头形成弧形三角板悬顶(关键块 B),工作面形成倒梯形悬顶(关键块 C),下区段工作面基本顶为关键块 A,而切顶后关键块 B 会变成悬臂块 B_1 和垮落块 B_2 两部分。

对上面所建立的力学模型进行以下说明:① 工作面开采后,直接顶和基本顶、基本顶和上方岩层之间会发生离层现象,故相互之间剪力为零;② 顶板断裂位置出现在煤体弹塑性交界处;③ 将该力学模型上方受力情况简化为均布力进行计算;④ 由于岩梁断裂处残余弯矩很小,故关键块 B 两端残余弯矩忽略不计。

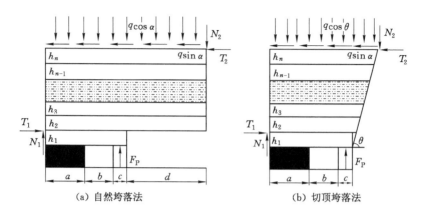

图 5-25 邻空煤巷覆岩承载结构力学模型

根据生产地质条件及巷旁支护体所起的主要作用不同,特别是基本顶的几何和力学参数,巷旁支护体的支护作用方式主要有切顶型巷旁支护方式和变形适应型巷旁支护方式两种[183]。由于试验邻空煤巷直接顶较薄且基本顶比较坚硬,初次来压步距大于 25 m 以上,充填体所具有的支撑阻力不能沿采空区侧再次切断基本顶,只得适应基本顶的旋转变形,所研究巷旁支护阻力属于变形适应型巷旁支护方式。

自然垮落时,将上方第 m 层岩块自重分解为平行岩层的 T_m 和垂直岩层的 N_m;切顶垮落时,将上方第 m 层岩块自重分解为平行岩层的 T_m' 和垂直岩层的 N_m',则有:

$$T_m = \rho_m V_m g \sin \alpha \tag{5-13}$$

$$N_m = \rho_m V_m g \cos \alpha \tag{5-14}$$

$$T_m' = \rho_m V_m' g \sin \alpha \tag{5-15}$$

$$N_m' = \rho_m V_m' g \cos \alpha \tag{5-16}$$

式中　α——煤层倾角,(°);

　　ρ_m——第 m 层岩层的密度,kg/m^3;

　　V_m——第 m 层岩块的体积,m^3;

　　V_m'——第 m 层梯形块的体积,m^3。

对自然垮落状态下上覆岩层进行受力分析,则平行于岩层的推力 T_2 为:

$$T_2 = \frac{L q' \cos \alpha}{2(h' - \Delta h')} \tag{5-17}$$

$$h' = \sum_{i=2}^{n} h_i \tag{5-18}$$

$$h = \sum_{i=1}^{n} h_i \tag{5-19}$$

$$L = a + b + c + d \tag{5-20}$$

$$L = \frac{2L_0}{17} \cdot \frac{L_0}{L_m} \cdot \sqrt{100 + 102(\frac{L_m}{L_0})^2} \tag{5-21}$$

式中　$\Delta h'$——关键块 B 的右边下沉量，m；

　　　L——自然垮落下关键块 B 跨向长度，m；

　　　q'——单位长度关键块 B 重量，MN/m；

　　　L_0——基本顶周期来压步距，m；

　　　L_m——采煤工作面长度，m。

对切顶垮落状态下上覆岩层进行受力分析，则平行于岩层的推力 T_2 为：

$$T_2 = \frac{L'q'\cos\alpha}{2(h' - \Delta h')} \tag{5-22}$$

$$L' = a + b + c + h/\tan\theta \tag{5-23}$$

式中　θ——切顶角度，(°)；

　　　L'——切顶垮落下悬臂块 B_1 跨向长度，m。

沿空留巷切顶后，实体煤帮对上覆岩层的支撑力 $F(x)$ 和应力极限平衡区宽度 a 的计算公式如下：

$$F(x) = (\frac{C_0}{\tan\varphi_0} + \frac{P_x}{A})e^{\frac{2\tan\varphi_0}{M_H \cdot A}x} - \frac{C_0}{\tan\varphi_0} \tag{5-24}$$

$$a = \frac{M_H \cdot A}{2\tan\varphi_0} \cdot \ln\frac{K\gamma H + \dfrac{C_0}{\tan\varphi_0}}{\dfrac{C_0}{\tan\varphi_0} + \dfrac{P_x}{A}} \tag{5-25}$$

式中　C_0——煤层与顶底板岩层交界面的黏结力，MPa；

　　　φ_0——煤层与顶底板岩层交界面的内摩擦角，(°)；

　　　P_x——支架对煤帮的支护阻力，MPa；

　　　A——侧压系数，取值为 1；

　　　K——应力集中系数，取值为 1；

　　　H——开采深度，m；

　　　M_H——采高或者煤厚，m。

自然垮落状态，对关键块体和上覆悬梁承载结构整体分别进行受力分析可得：

$$T_2 + qL\sin\alpha\sum_{i=2}^{n}T_i = T_1 \tag{5-26}$$

$$\int_0^a F(x)(a - x)\mathrm{d}x + F_P(a + b + \frac{c}{2}) + (T_2 + qL\sin\alpha)(h - \Delta h)$$

$$= T_1 h_1 + \frac{1}{2} qL^2 \cos \alpha + N_2 L \tag{5-27}$$

联立式(5-26)和式(5-27)可得自然垮落下巷旁支护阻力计算公式为：

$$F_P = \left[T_1 h_1 + qL^2 \cos \alpha / 2 + N_2 L - \int_0^a F(x)(a-x)\mathrm{d}x - \right.$$
$$\left. (T_2 + qL \sin \alpha)(h - \Delta h) \right] / (a + b + c/2) \tag{5-28}$$

切顶垮落状态，对关键块体和上覆悬梁承载结构整体分别进行受力分析可得：

$$T_2 + qL' \sin \alpha + \sum_{i=2}^n (T_i' + T_i'') = T_1 \tag{5-29}$$

$$\int_0^a F(x)(a-x)\mathrm{d}x + F_P / \left(a + b + \frac{c}{2}\right) + (T_2 + qL' \sin \alpha)(h - \Delta h)$$

$$= T_1 h_1 + \frac{1}{2} qL'^2 \cos \alpha + N_2 L' \tag{5-30}$$

联立式(5-29)和式(5-30)可得切顶垮落下巷旁支护阻力计算公式为：

$$F_P = \left[T_1 h_1 + qL'^2 \cos \alpha / 2 + N_2 L' - \int_0^a F(x)(a-x)\mathrm{d}x - \right.$$
$$\left. (T_2 + qL' \sin \alpha)(h - \Delta h) \right] / (a + b + c/2) \tag{5-31}$$

5.4.1.4 邻空煤巷承载响应因素

结合试验邻空煤巷地质条件取：$H = 600$ m，$h = 10$ m，$h' = 7$ m，$\alpha = 4°$，$\gamma = 2.5 \times 10^4$ N/Mm³，$C_0 = 3$ MPa，$\varphi_0 = 25°$，$P_x = 0.2$ MPa，$A = 0.5$，$K = 0.5$，$M_H = 2.5$ m，$L_m = 220$ m，$L_0 = 15$ m，上覆岩层密度依次为 2 727 kg/m³、3 048 kg/m³、2 758 kg/m³。可得 $L = 17.9$ m，$F(x) = 6.83e^{0.75x} - 6.53$，$a = 7.5$ m。

① 切顶角度效应。保持其他参数不变，当取巷旁支护体宽度 $c = 1.5$ m，直接顶高度 $h_1 = 3.0$ m，留巷宽度 $b = 4.0$ m，关键块下沉量 $\Delta h' = 0.5$ m 时，巷旁支护阻力与切顶角度的关系曲线如图 5-26(a)所示。从图中可以看出，随着切顶角度的增大，切顶垮落法下巷旁支护阻力逐渐减小。

② 悬臂长度效应。保持其他参数不变，当取巷旁支护体宽度 $c = 1.5$ m，直接顶高度 $h_1 = 3.0$ m，留巷宽度 $b = 4.0$ m，关键块下沉量 $\Delta h' = 0.5$ m 时，悬臂长度随着切顶角度的增大而减小，此时巷旁支护阻力与悬梁长度的关系曲线如图 5-26(b)所示。从图中可以看出，随着悬梁长度的减小，巷旁支护阻力逐渐减小。

③ 直接顶高度效应。保持其他参数不变，当取巷旁支护体宽度 $c = 1.5$ m，切顶角度 $\theta = 75°$，留巷宽度 $b = 4.0$ m，关键块下沉量 $\Delta h' = 0.5$ m 时，巷旁支护阻力与直接顶高度的关系曲线如图 5-26(c)所示。从图中可以看出，随着直接顶高度的增大，自然垮落法和切顶垮落法下巷旁支护阻力均逐渐增大。

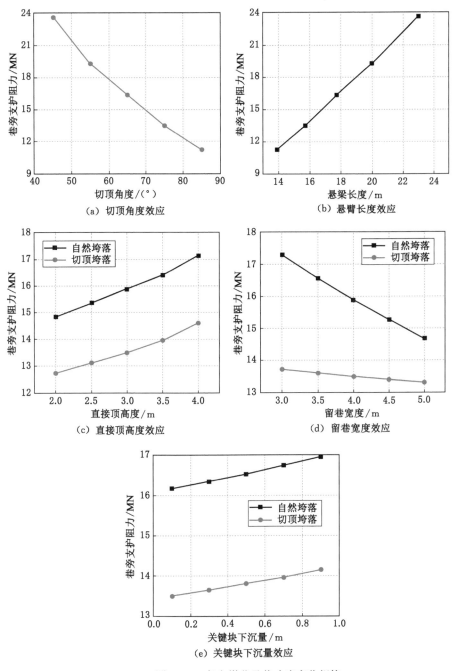

图 5-26　邻空煤巷承载响应变化规律

④ 留巷宽度效应。保持其他参数不变，当取巷旁支护体宽度 $c=1.5$ m，切顶角度 $\theta=75°$，直接顶高度 $h_1=3.0$ m，关键块下沉量 $\Delta h'=0.5$ m 时，巷旁支护阻力与留巷宽度的关系曲线如图 5-26(d)所示。从图中可以看出，随着留巷宽度的增大，自然垮落法和切顶垮落法下巷旁支护阻力大小均逐渐减小，但自然垮落法巷旁支护阻力减小幅度更大；当切顶角度选择合理时，切顶垮落下巷旁支护阻力远小于自然垮落法，故采用切顶垮落时留巷宽度能满足下一工作面正常需要即可，这样可以减少顶板锚杆(索)数量，降低支护成本。

⑤ 关键块下沉量效应。保持其他参数不变，当取巷旁支护体宽度 $c=1.5$ m，切顶角度 $\theta=75°$，直接顶高度 $h_1=3.0$ m，留巷宽度 $b=4.0$ m 时，巷旁支护阻力与关键块下沉量的关系曲线如图 5-26(e)所示。从图中可以看出，随着关键块下沉量的增大，自然垮落法和切顶垮落法下巷旁支护均逐渐增大。

5.1.4.5 邻空煤巷分区承载特征

(1) 采空区段低压承载区

根据试验条件岩层力学参数进行建模，监测上方悬臂梁结构各点垂直应力大小，利用 MATLAB 对应力曲线进行拟合，得到采空区段上覆岩层应力曲线如图 5-27(a)所示。将采空区段上方非均布力简化为均布力可得，自然垮落法上方垂直岩层方向力为 18.60 MN，平行岩层方向力为 1.30 MN，切顶垮落法上方垂直岩层应力为 17.25 MN，平行岩层方向力为 1.21 MN。暂定自然垮落法下关键块下沉量为 1.0 m，切顶垮落法下关键块下沉量为 0.8 m，可得，自然垮落法下巷旁支护阻力为 18.71 MN，切顶垮落法下巷旁支护阻力为 15.11 MN，故经过切顶后支护阻力可减小 3.60 MN。根据上覆岩层受力情况和巷旁支护阻力大小，可知近距离煤层采空区下方沿空留巷属于低压承载区。

(2) 实体煤段常压承载区

根据试验条件岩层力学参数进行建模，监测上方悬臂梁结构各点垂直应力大小，利用 MATLAB 对应力曲线进行拟合，得到实体煤段应力曲线如图 5-27(b)所示。将实体煤段上方非均布力简化为均布力可得，自然垮落法上方垂直岩层方向力为 20.61 MN，平行岩层方向力为 1.44 MN，切顶垮落法上方垂直岩层应力为 19.51 MN，平行岩层方向力为 1.36 MN。暂定自然垮落法下关键块下沉量为 1.0 m，切顶垮落法下关键块下沉量为 0.8 m，可得，自然垮落法下巷旁支护阻力为 19.45 MN，切顶垮落法下巷旁支护阻力为 16.52 MN，故经过切顶后支护阻力可减小 2.93 MN。根据上覆岩层受力情况和巷旁支护阻力大小，可知近距离煤层实体煤下方沿空留巷属于常压承载区。

(3) 邻近煤柱段高压承载区

根据试验条件岩层力学参数进行建模，监测上方悬臂梁结构各点垂直应力

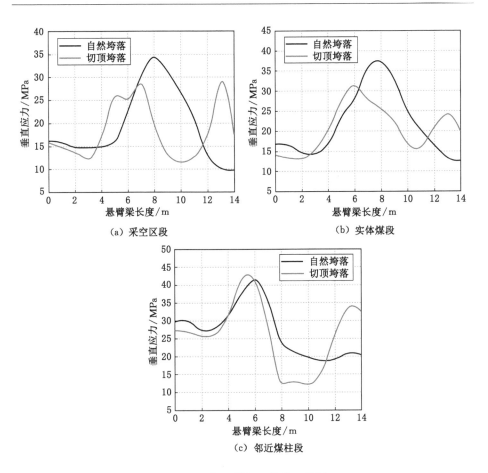

图 5-27　邻空煤巷承载分区特征

大小,利用 MATLAB 对应力曲线进行拟合,得到邻近煤柱段应力曲线如图 5-27 (c)所示。将邻近煤柱段上方非均布力简化为均布力可得,自然垮落法上方垂直岩层方向力为 25.36 MN,平行岩层方向力为 1.77 MN,切顶垮落法上方垂直岩层应力为 24.32 MN,平行岩层方向力为 1.70 MN。暂定自然垮落法下关键块下沉量为 1.0 m,切顶垮落法下关键块下沉量为 0.8 m,可得,自然垮落法下巷旁支护阻力为 23.53 MN,切顶垮落法下巷旁支护阻力为 19.51 MN,故经过切顶后支护阻力可减小 4.02 MN。根据上覆岩层受力情况和巷旁支护阻力大小,可知近距离煤层邻近煤柱段下方沿空留巷属于高压承载区。

5.4.1.6　承载结构改造评价机制

大量学者[184-188]对于切顶卸压参数确定进行研究,所使用评价指标均为应力峰值差,一般通过分析应力云图或者绘制侧向支承应力曲线等方法来确定和比较应力峰值差,但该指标只考虑到应力峰值这一点的应力变化,未将整条应力曲线考虑在内,提出了一个新的评价指标平均应力集度差。

(1)平均应力集度差模型

将沿空留巷后采空区实体煤帮塑性承载区内的支承应力简化为线性增加的数学模型,将弹性承载区内的支承应力简化为负指数衰减的数学模型[189]。支承应力分布情况如图 5-28(a)所示,解析式见式(5-3)。首先,应力集中系数不同,切顶后为 K';其次,塑性承载区宽度不同,切顶后为 w';还有,交界面对应采掘空间宽度不同,切顶后为 L';最后,煤体残余强度不同,切顶后为 R_c'。则理想状态下切顶后支承应力曲线应如图 5-28(b)所示。平均应力集度差指实体煤帮侧向支持应力达到原岩应力或平衡状态时,单位长度应力平均减小值,确定应力峰值差 I_1 和平均应力集度差 I_2,见式(5-32)。将所研究工程背景带入该数学模

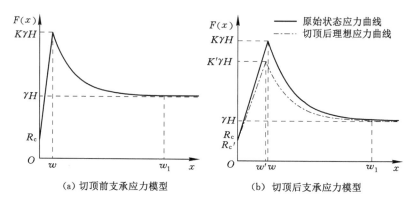

(a)切顶前支承应力模型　　　　(b)切顶后支承应力模型

图 5-28　切顶前后采空区一侧煤体内支承应力分布模型

型中,其中 $\gamma H=15$ MPa,$w=10$ m,$K=1.5$,$L=30$ m,$R_c=R_c'=5$ MPa。

$$
\begin{cases}
I_1=(K-K')\gamma H \\
I_2=\left[\int_0^{w_1} F(x)-F'(x)\mathrm{d}x\right]/w_1
\end{cases} \tag{5-32}
$$

式中　w_1——切顶后支承应力达到原岩应力或稳定值时距离采空区煤壁的距离,m。

(2)平均应力集度差演化规律

保持其他参数不变,取塑性承载区宽度 $w'=w=10$ m,将所有已确定参数代入公式(5-32),用 MATLAB 计算得到应力峰值差 I_1、平均应力集度差 I_2 与切顶后应力集中系数 K' 的关系曲线,如图 5-29(a)所示。应力峰值差 I_1 与切顶后应力集中系数 K' 的关系曲线为线性减小,而平均应力集度差 I_2 与切顶后应力集中系数 K' 的关系曲线为非线性减小。在应力峰值差 I_1 呈线性减小时,沿空留巷围岩

整体应力的变化规律是非线性的,与平均应力集度差的变化规律相吻合,从而说明应力峰值差 I_1 只能代表峰值应力卸压程度,而无法评估沿空留巷围岩整体应力卸压程度,所以平均应力集度差 I_2 可以更好地评价切顶卸压的整体效果。

保持其他参数不变,取切顶后应力集中系数 $K'=1.3$,将所有已确定参数代入公式(5-32),用 MATLAB 计算得到应力峰值差 I_1、平均应力集度差 I_2 与切顶后塑性承载区宽度 w' 的关系曲线,如图 5-29(b)所示。在应力峰值大小不变、位置发生变化时,应力峰值差 I_1 保持不变,而平均应力集度差 I_2 与切顶后塑性承载区宽度 w' 的关系曲线为非线性减小。在应力峰值大小不变而应力峰值位置发生变化时,沿空留巷为围岩塑性区会发生变化,从而导致巷道围岩变形情况产生变化,此时也可以达到卸压效果,所以平均应力集度差 I_2 可以在只有峰值位置发生变化时更好地反映切顶卸压的整体效果。

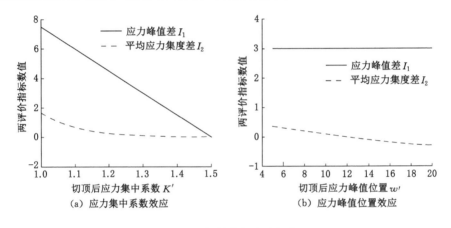

图 5-29   评价指标演化规律

5.4.1.7   结构改造技术应用

(1)采空区段低压承载区结构改造技术

① 垂直应力峰值差 I_1

当切顶高度固定为 8 m 时,采空区段低压承载区不同切顶角度下工作面开挖后巷道围岩垂直应力情况如图 5-30 所示。从垂直应力云图可以看出,随着切顶角度的增大,采空区未压实的宽度逐渐减短;从侧向支承应力曲线来看,峰值应力呈现逐渐减小的变化趋势,但峰值位置和残余应力基本保持不变;按照应力峰值差 I_1 指标评价过程如下:采空区下低压承载区未切顶时峰值应力为 57.93 MPa,切顶角度等于 45°时为 57.58 MPa,切顶角度等于 60°时为 55.03 MPa,切顶角度等于 75°时为 51.37 MPa,切顶角度等于 90°时为 46.95 MPa,在切顶角度为 90°时减小幅度最大为 10.98 MPa,故采空区段低压承载区最优切顶角度为 90°。

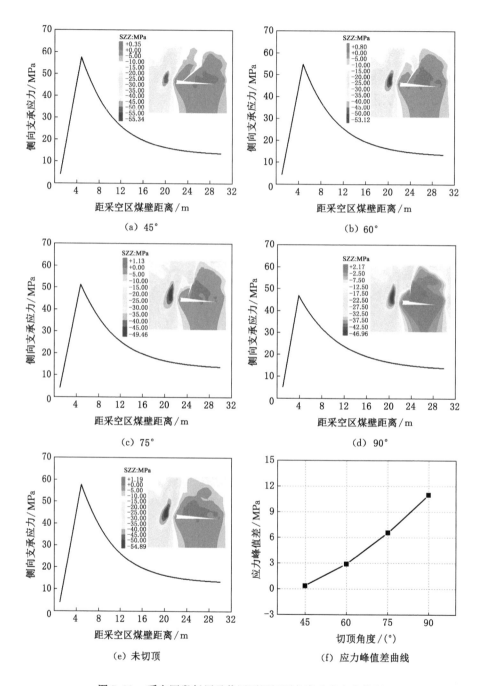

图 5-30　采空区段低压承载区不同切顶角度垂直应力状况

当切顶角度固定为 75°时,采空区段低压承载区不同切顶高度下工作面开挖后巷道围岩垂直应力情况如图 5-31 所示。从垂直应力云图可以看出,随着切顶高度的增大,采空区未压实的宽度逐渐减短;从侧向支承应力曲线来看,随着切顶高度的增大,峰值应力呈现先减小后增大再减小再增大的变化趋势,峰值位置基本保持不变,但残余强度在切顶高度为 4 m 时有所增加;按照应力峰值差 I_1 指标评价过程如下:采空区下低压承载区未切顶时峰值应力为 57.93 MPa,切顶高度等于 4 m 时为 48.51 MPa,切顶高度等于 6 m 时为 52.02 MPa,切顶高度等于 8 m 时为 51.37 MPa,切顶高度等于 10 m 时为 52.51 MPa,在切顶高度为 4 m 时减小幅度最大为 9.42 MPa,故采空区段低压承载区最优切顶高度为 4 m。

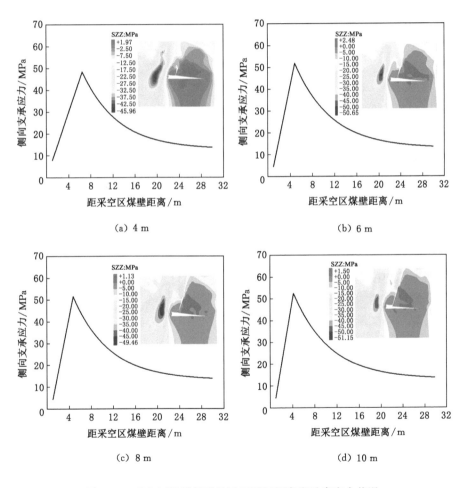

图 5-31　采空区段低压承载区不同切顶高度垂直应力状况

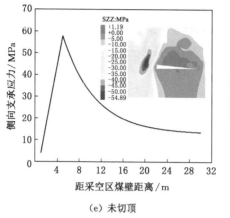

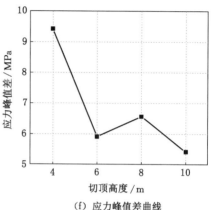

（e）未切顶 　　　　　　　　　　（f）应力峰值差曲线

图 5-31 　（续）

当切顶高度固定为 8 m 时，随着切顶角度的增加，应力峰值差逐渐增大，在切顶角度为 90°时达到最大值。当切顶角度固定为 75°时，随着切顶高度的增大，应力峰值差呈现先减小后增大再减小的变化趋势，在切顶高度为 4 m 时达到最大值。按照应力峰值差指标分析，采空区段低压承载区最优切顶角度为 90°，切顶高度为 4 m。

② 平均应力集度差 I_2

在切顶高度固定为 9 m 时，将采空区段低压承载区不同切顶角度下的侧向支承应力代入公式(5-32)，用 MATLAB 计算得到平均应力集度差和切顶角度的关系曲线如图 5-32(a)所示。按照平均应力集度差 I_2 指标评价过程如下：随着切顶角度的增大，平均应力集度差呈现逐渐增大的变化趋势，切顶角度为 45°时平均应力集度差为 −0.1，切顶角度为 60°时平均应力集度差为 0.79，切顶角度为 75°时平均应力集度差为 2.23，切顶角度为 90°时平均应力集度差为 4.46，故采空区段低压承载区最优切顶角度为 90°。

在切顶角度固定为 75°时，将采空区段低压承载区不同切顶高度下的侧向支承应力代入公式(5-32)，用 MATLAB 计算得到平均应力集度差和切顶高度的关系曲线如图 5-32(b)所示。按照平均应力集度差 I_2 指标评价过程如下：随着切顶高度的增大，平均应力集度差呈现先减小后增大的变化趋势，切顶高度为 4 m 时平均应力集度差为 1.63，切顶高度为 6 m 时平均应力集度差为 1.42，切顶高度为 8 m 时平均应力集度差为 2.23，切顶高度为 10 m 时平均应力集度差为 2.91，故采空区段低压承载区最优切顶高度为 10 m。

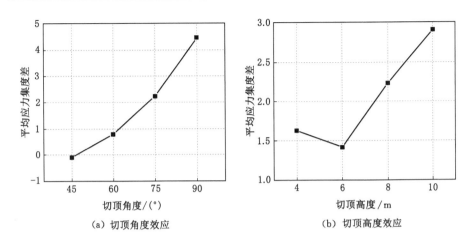

（a）切顶角度效应　　　　　（b）切顶高度效应

图 5-32　采空区低压承载区平均应力集度差演化规律

当切顶高度固定为 8 m 时，随着切顶角度的增大，平均应力集度差逐渐增大，在切顶角度为 90°时达到最大值。当切顶角度固定为 75°时，随着切顶高度的增大，平均应力集度差呈现先减小后增大的变化趋势，在切顶高度为 10 m 时达到最大值。按照应力峰值差指标分析，采空区段低压承载区最优切顶角度为 90°，切顶高度为 10 m。

③ 平均应力集度差可靠性分析

采空区段低压承载区用应力峰值差 I_1 评价指标所确定最优切顶参数为最优切顶角度 90°，最优切顶高度 4 m，而用平均应力集度差 I_2 评价指标所确定最优切顶参数为最优切顶角度 90°，最优切顶高度 10 m。对试验邻空煤巷采空区段分别进行无切顶和不同切顶方案模拟，分析其巷道顶板和实体煤帮变形情况，从而验证平均应力集度差的可行性，不同方案下采空区段沿空留巷后巷道位移情况如图 5-33 所示。经过应力峰值差 I_1 所确定方案切顶后指标下顶板最大位移量可减小 179.6 mm，帮部最大位移量可减小 217.9 mm；经过平均应力集度差 I_2 所确定方案切顶后指标下顶板最大位移量可减小 396.6 mm，帮部最大位移量可减小 76.5 mm，说明通过切顶卸压可以有效控制沿空留巷围岩变形情况。平均应力集度差 I_2 所确定方案切顶后顶板最大位移减小量大于应力峰值差 I_1 所确定方案，而帮部最大位移减小量小于应力峰值差 I_1 所确定方案，但由于帮部位移本身减小，可以通过锚杆（索）支护即可解决，相较于控制顶板位移成本要小得多，所以说明平均应力集度差 I_2 评价指标可以更好地用来确定采空区段低压承载区切顶卸压关键参数。

（2）实体煤段常压承载区

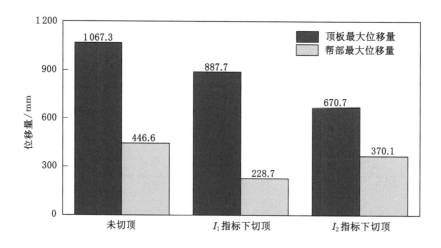

图 5-33　采空区段低压承载区不同方案下巷道位移情况

① 垂直应力峰值差 I_1

当切顶高度固定为 8 m 时,实体煤段常压承载区不同切顶角度下工作面开挖后巷道围岩垂直应力情况如图 5-34 所示。从垂直应力云图可以看出,随着切顶高度的增大,采空区未压实的宽度逐渐减短;从侧向支承应力曲线来看,峰值应力呈现先增大后减小的变化趋势,且只有在切顶角度为 45°时略大于未切顶时峰值应力,但峰值位置和残余应力基本保持不变;按垂直应力峰值差指标 I_1 评价过程如下:实体煤下常压承载区未切顶时峰值应力为 63.38 MPa,切顶角度 45°时为 64.51 MPa,切顶角度等于 60°时为 61.65 MPa,切顶角度等于 75°时为 57.41 MPa,切顶角度等于 90°时为 50.48 MPa,垂直应力峰值差在切顶角度为 90°时最大为 12.9 MPa,故基于垂直应力峰值差确定实体煤段常压承载区最优切顶角度为 90°。

固定切顶角度为 75°时,实体煤段常压承载区不同切顶高度下工作面开挖后巷道围岩垂直应力情况如图 5-35 所示。从垂直应力云图可以看出,随着切顶高度的增大,采空区未压实的宽度逐渐减短;从侧向支承应力曲线来看,随着切顶高度的增大,峰值应力呈现先减小后增大再减小再增大的变化趋势,峰值位置基本保持不变,但残余强度在切顶高度为 4 m 时有所增加;按垂直应力峰值差 I_1 指标评价过程如下:实体煤下常压承载区未切顶时峰值应力为 63.38 MPa,切顶高度等于 4 m 时为 53.14 MPa,切顶高度等于 6 m 时为 59.41 MPa,切顶高度等于 8 m 时为 57.41 MPa,切顶高度等于 10 m 时为 57.57 MPa,在切顶高度 4 m 时减小幅度最大为 10.24 MPa,故实体煤段常压承载区最优切顶高度为 4 m。

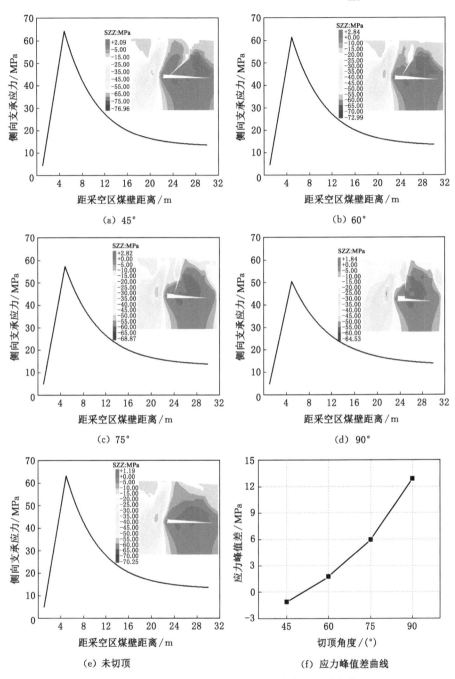

(a) 45°　　　　　　　　　　　(b) 60°

(c) 75°　　　　　　　　　　　(d) 90°

(e) 未切顶　　　　　　　　(f) 应力峰值差曲线

图 5-34　实体煤段常压承载区不同切顶角度垂直应力状况

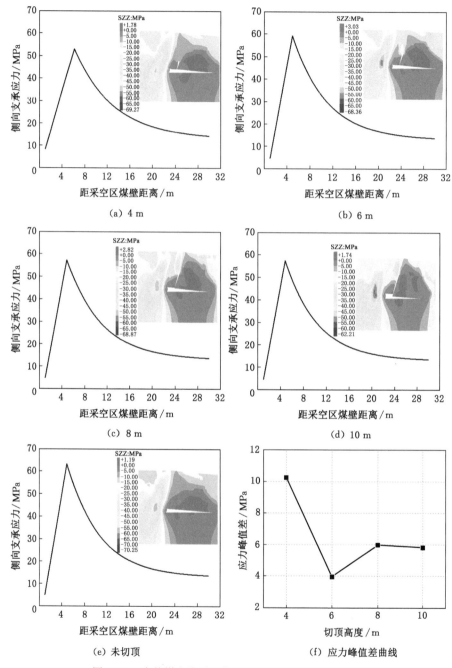

图 5-35　实体煤段常压承载区不同切顶高度垂直应力状况

当切顶高度固定为 8 m 时,随着切顶角度的增加,应力峰值差逐渐增大,在切顶角度为 90°时达到最大值。当切顶角度固定为 75°时,随着切顶高度的增大,应力峰值差呈现先减小后增大再减小的变化趋势,在切顶高度为 4 m 时达到最大值。按照应力峰值差指标分析,实体煤段常压承载区最优切顶角度为 90°,切顶高度为 4 m。

② 平均应力集度差 I_2

在切顶高度固定为 9 m 时,将实体煤段常压承载区不同切顶角度下的侧向支承应力代入公式(5-32),用 MATLAB 计算得到平均应力集度差和切顶角度的关系曲线如图 5-36(a)所示。按照平均应力集度差 I_2 指标评价过程如下:随着切顶角度的增大,平均应力集度差呈现逐渐增大的变化趋势,切顶角度为 45°时平均应力集度差为 0.19,切顶角度为 60°时平均应力集度差为 1.14,切顶角度为 75°时平均应力集度差为 2.3,切顶角度为 90°时平均应力集度差为 3.92,故实体煤段常压承载区最优切顶角度为 90°。

在切顶角度固定为 75°时,将实体煤段常压承载区不同切顶高度下的侧向支承应力代入公式(5-32),用 MATLAB 计算得到平均应力集度差和切顶角度的关系曲线如图 5-36(b)所示。按照平均应力集度差 I_2 指标评价过程如下:随着切顶角度的增大,平均应力集度差呈现先减小后增大再减小的变化趋势,切顶高度为 4 m 时平均应力集度差为 2.03,切顶高度为 6 m 时平均应力集度差为 1.84,切顶角度为 8 m 时平均应力集度差为 2.3,切顶高度为 10 m 时平均应力集度差为 1.97,故实体煤段常压承载区最优切顶高度为 8 m。

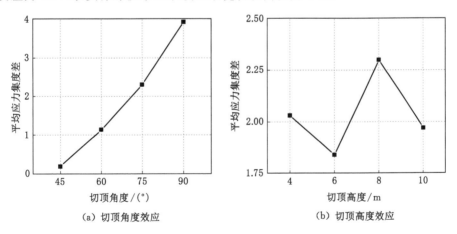

（a）切顶角度效应　　　　（b）切顶高度效应

图 5-36　实体煤段常压承载区平均应力集度差演化规律

当切顶高度固定为 8 m 时,随着切顶角度的增加,平均应力集度差逐渐增大,在切顶角度为 90°时达到最大值。当切顶角度固定为 75°时,随着切顶高度的增大,平均应力集度差呈现先减小后增大再减小的变化趋势,在切顶高度为 8 m 时达到最大值。按照应力峰值差指标分析,实体煤段常压承载区最优切顶角度为 90°,切顶高度为 8 m。

③ 平均应力集度差可行性分析

实体煤段常压承载区用应力峰值差 I_1 评价指标所确定最优切顶参数为最优切顶角度 90°,最优切顶高度 4 m,而用平均应力集度差 I_2 评价指标所确定最优切顶参数为最优切顶角度 90°,最优切顶高度 8 m。对 5336 辅助进风巷实体煤段分别进行无切顶和不同切顶方案模拟,分析其巷道顶板和实体煤帮变形情况,从而验证平均应力集度差的可行性,不同方案下实体煤段沿空留巷后巷道位移情况如图 5-37 所示。经过应力峰值差 I_1 所确定方案切顶后指标下顶板最大位移量可减小 168.3 mm,帮部最大位移量可减小 241.2 mm;经过平均应力集度差 I_2 所确定方案切顶后指标下顶板最大位移量可减小 420.7 mm,帮部最大位移量可减小 393.0 mm,说明通过切顶卸压可以有效控制沿空留巷围岩变形情况。平均应力集度差 I_2 所确定方案切顶后顶板最大位移减小量和帮部最大位移减小量均大于应力峰值差 I_1 所确定方案,说明平均应力集度差 I_2 评价指标可以更好地用来确定实体煤段常压承载区切顶卸压关键参数。

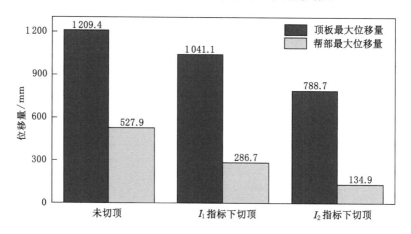

图 5-37 实体煤段常压承载区不同方案下巷道位移情况

(3) 紧邻煤柱段高压承载区

① 垂直应力峰值差 I_1

当切顶高度固定为 8 m 时,邻近煤柱段高压承载区不同切顶角度下工作面开挖后巷道围岩垂直应力情况如图 5-38 所示。从垂直应力云图可以看出,随着

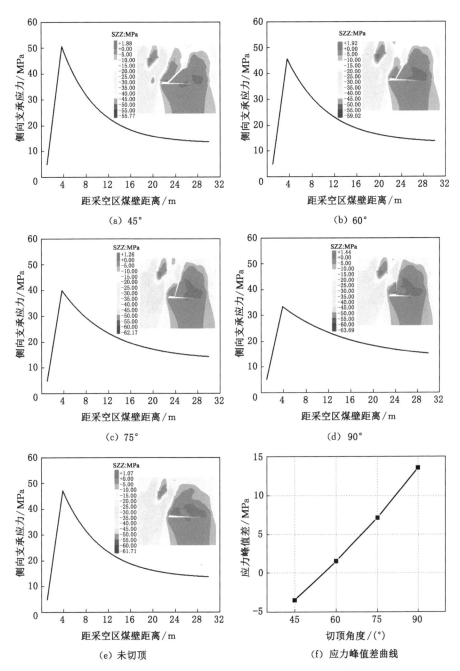

图 5-38　邻近煤柱段高压承载区不同切顶角度垂直应力状况

切顶角度的增大,采空区未压实的宽度逐渐减短;从侧向支承应力曲线来看,峰值应力呈现先增大后减小的变化趋势,且只有在切顶角度为 45°时略大于未切顶时峰值应力,但峰值位置和残余应力基本保持不变;按照应力峰值差 I_1 指标评价过程如下:邻近煤柱段高压承载区未切顶时峰值应力为 47.23 MPa,切顶角度等于 45°时为 50.71 MPa,切顶角度等于 60°时为 45.72 MPa,切顶角度等于 75°时为 40.07 MPa,切顶角度等于 90°时为 33.63 MPa,在切顶角度为 90°时减小幅度最大为 13.6 MPa,故邻近煤柱段高压承载区最优切顶角度为 90°。

当切顶角度固定为 75°时,邻近煤柱段高压承载区不同切顶高度下工作面开挖后巷道围岩垂直应力情况如图 5-39 所示。从垂直应力云图可以看出,随着切顶高度的增大,采空区未压实的宽度逐渐减短;从侧向支承应力曲线来看,随着切顶高度的增大,峰值应力呈现先减小后增大再减小再增大的变化趋势,峰值位置和残余强度基本保持不变;按照应力峰值差 I_1 指标评价过程如下:邻近煤柱段高压承载区未切顶时峰值应力为 47.23 MPa,切顶高度等于 4 m 时为 40.13 MPa,切顶高度等于 6 m 时为 41.62 MPa,切顶高度等于 8 m 时为 40.07 MPa,切顶高度等于 10 m 时为 43.79 MPa,在切顶高度 8 m 时减小幅度最大为 7.16 MPa,故邻近煤柱段高压承载区最优切顶高度为 8 m。

当切顶高度固定为 8 m 时,随着切顶角度的增加,应力峰值差逐渐增大,在切顶角度为 90°时达到最大值。当切顶角度固定为 75°时,随着切顶高度的增大,应力峰值差呈现先减小后增大再减小的变化趋势,在切顶高度为 8 m 时达到最大值。按照应力峰值差指标分析,邻近煤柱段高压承载区最优切顶角度为 90°,切顶高度为 8 m。

② 平均应力集度差 I_2

在切顶高度固定为 9 m 时,将邻近煤柱段高压承载区不同切顶角度下的侧向支承应力代入公式(5-32),用 MATLAB 计算得到平均应力集度差和切顶角度的关系曲线如图 5-40(a)所示。按照平均应力集度差 I_2 指标评价过程如下:随着切顶角度的增大,平均应力集度差呈现逐渐增大的变化趋势,切顶角度为 45°时平均应力集度差为 -0.64,切顶角度为 60°时平均应力集度差为 0.5,切顶角度为 75°时平均应力集度差为 1.64,切顶角度为 90°时平均应力集度差为 3.27,故邻近煤柱段高压承载区最优切顶角度为 90°。

在切顶角度固定为 75°时,将邻近煤柱段高压承载区不同切顶角度下的侧向支承应力代入公式(5-32),用 MATLAB 计算得到平均应力集度差和切顶高度的关系曲线如图 5-40(b)所示。按照平均应力集度差 I_2 指标评价过程如下:随着切顶高度的增大,平均应力集度差呈现先增大后减小的变化趋势,切顶高度为 4 m 时平均应力集度差为 1.1,切顶高度为 6 m 时平均应力集度差为 1.26,切

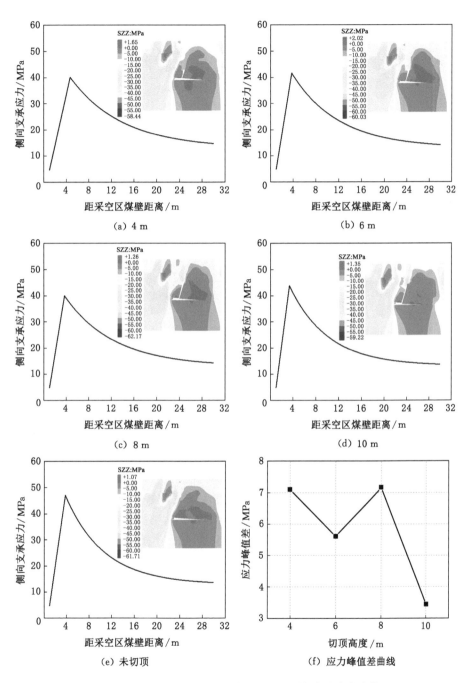

图 5-39　邻近煤柱段高压承载区不同切顶高度垂直应力状况

顶高度为 8 m 时平均应力集度差为 1.64,切顶高度为 10 m 时平均应力集度差为 1.27,故邻近煤柱段高压承载区最优切顶高度为 8 m。

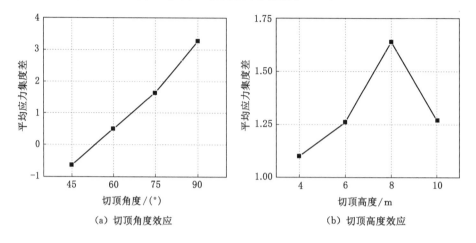

图 5-40 邻近煤柱段高压承载区平均应力集度差演化规律

当切顶高度固定为 8 m 时,随着切顶角度的增加,平均应力集度差逐渐增大,在切顶角度为 90°时达到最大值。当切顶角度固定为 75°时,随着切顶高度的增大,平均应力集度差呈现先增大后减小的变化趋势,在切顶高度为 8 m 时达到最大值。按照应力峰值差指标分析,邻近煤柱段高压承载区最优切顶角度为 90°,切顶高度为 8 m。

③ 平均应力集度差可行性分析

邻近煤柱段高压承载区用应力峰值差 I_1 和平均应力集度差 I_2 两个指标评价所得最优切顶参数相同,均为煤柱段最优切顶角度为 90°,最优切顶高度为 8 m。对 5336 辅助进风巷煤柱段分别进行无切顶和切顶方案模拟,分析其巷道顶板和实体煤帮变形情况,从而验证平均应力集度差的可行性,不同方案下邻近煤柱段沿空留巷后巷道位移情况如图 5-41 所示。经过切顶后顶板最大位移量可减小 233.5 mm,帮部最大位移量可减小 343.9 mm,说明通过切顶卸压可以有效控制沿空留巷围岩变形情况,同时也证明平均应力集度差 I_2 和应力峰值差 I_1 评价指标均可以很好地用来确定邻近煤柱段高压承载区切顶卸压关键参数。

5.4.2 材料改性提升围岩承载能力

5.4.2.1 邻空煤巷薄弱区域超挖重构

(1) 邻空煤巷底板承压支护系统

将赋存在邻空煤巷底板表面的 300 mm 泥岩挖掉,在较坚硬的岩层中实现

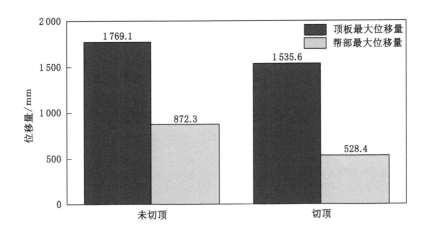

图 5-41　邻近煤柱段高压承载区不同方案下巷道位移情况

锚杆带角度支护,锚杆和破碎围岩形成了承压拱结构。底板支护后,用高强度混凝土回填底板开挖空间,形成了厚为 300 mm、高硬度和不易变形的承压板结构。承压拱和承压板组成了底板承压支护系统。承压拱使底板破碎围岩形成整体[190],加强了底板围岩强度,使底板围岩整体承压。但底板应力集中会迫使承压拱上移挤压承压板,高刚度的承压板不仅可以抑制承压拱上移,而且可以抵抗高应力。承压拱和承压板相互作用,构成承压支护系统。承压支护系统是底板围岩、锚杆、混凝土协同作用的结果,最终实现 $1+1>2$ 的支护效果。采用矿用挖掘机开挖底板泥岩。采用矿上现有的 $\phi20$ mm、$L2\ 400$ mm、20MnSi 左旋无纵筋螺纹钢锚杆支护,锚杆间距为 1 200 mm,排距为 1 000 mm。如图 5-42 所示。采用 C30 高强度混凝土回填开挖空间。

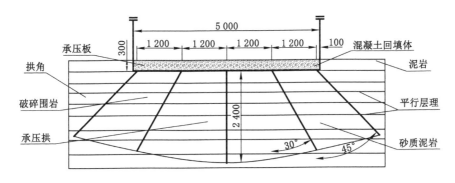

图 5-42　承压支护系统原理

邻空煤巷底板超挖重构前后位移场、塑性区分布以及应力场分布如图 5-43 所示。底板超挖重构前,巷道浅部围岩最大主应力较小为 2～4 MPa,围岩已破坏,围岩应力向深部转移,巷道顶板和底板最大主应力为 24 MPa,处于应力集中区,无支护软底巷道极易发生严重底鼓现象。塑性区分布范围很大,底板塑性区达到 4.5 m,且巷道底板围岩呈现明显的上鼓趋势。巷道围岩总体向巷道内部收缩,但底板收缩趋势远大于顶板和两帮,巷道围岩呈现出明显的不均匀收缩状态。与之相比,底板超挖重构滞后,由于承压支护系统的存在,底板围岩最大主

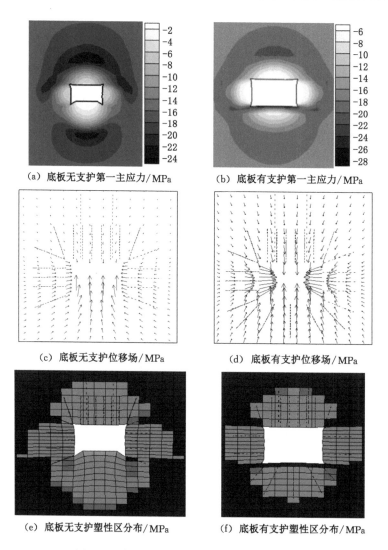

（a）底板无支护第一主应力/MPa （b）底板有支护第一主应力/MPa

（c）底板无支护位移场/MPa （d）底板有支护位移场/MPa

（e）底板无支护塑性区分布/MPa （f）底板有支护塑性区分布/MPa

图 5-43　邻空煤巷底板超挖重构稳定性模拟结果

应力并没有向深部转移,而是分布在承压板上,说明高强度承压板受到承压拱的挤压作用出现应力集中,不仅实现了抵抗高应力而且抑制了承压拱的鼓起。塑性区分布范围明显减小,底板塑性区只有 3.2 m,且巷道底板鼓出量很小,说明承压支护系统可有效阻止巷道底板鼓起。巷道围岩变形总趋势不变,但底板收缩趋势明显减小,巷道围岩呈现均匀收缩的状态。

(2)邻空煤巷异形煤柱超挖重构

异形煤柱形成于运输巷新掘段巷道,其稳定性决定了两侧巷道围岩整体稳定性。新掘巷道开挖前,运输巷已掘段巷道帮部承受了原岩应力、支承应力的作用,由表及里依次出现了应力降低区、应力升高区、原岩应力区,围岩呈现塑性破坏区、弹性承载区,当运输巷新掘巷道时,已掘巷道围岩应力重新分布,塑性破坏区范围进一步扩展,同时新掘巷道围岩承受原岩应力、支承应力作用,出现塑性破坏区。异形煤柱内支承应力分布如图 5-44 所示。从边缘到煤柱内部,出现了应力降低区和应力升高区,煤柱仍然具有承载能力,承载的支承应力峰值为 35.00～37.5 MPa,支承应力主要分布在异形煤柱较宽的区域,其三角形尖角区域大部分煤体处于垂直应力降低区。预测异形煤柱体塑性破坏区范围对于指导后期煤柱稳定控制具有举足轻重的意义。

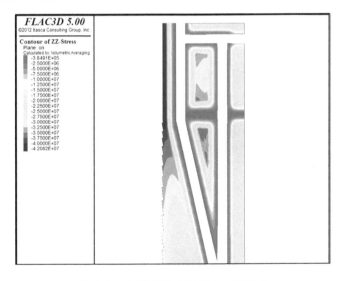

图 5-44　异形煤柱支承应力分布规律

依据异形煤柱尖角支承应力分区结果,建议将尖角 11.68 m 范围内的尖角煤柱开挖替换为柔模混凝土,如图 5-45 所示。该柔模混凝土由 C50 硅酸盐水泥、石子、河沙、柔模以及对拉锚索等组成,其中的 C50 硅酸盐水泥、石子、河沙按照

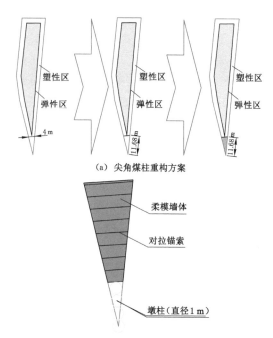

（a）尖角煤柱重构方案

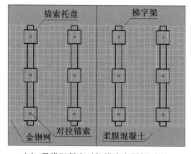

（b）重构区超挖充填加固方案

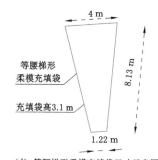

（c）柔膜混凝土对拉锚索布置侧面图

（d）等腰梯形柔模充填袋尺寸示意图

图 5-45　异形煤柱尖角超挖重构方案

一定的质量比在搅拌桶内搅拌均匀,并掺入适量水混合成混凝土流体。为便于混凝土运输,可加入适量的缓凝剂。首先,在尖角处超挖构筑墩柱支护体 4 柱,如图 5-45 所示,单根墩柱直径为 1.0 m,内置 4 根直径为 22 mm 的螺纹钢骨架,充填 C50 混凝土材料;其次,在井田边界Ⅳ段内超挖煤柱帮煤体,形成底长 4 m,腰长 8.13 m,顶长 1.22 m,高 3.1 m 的等腰梯台形超挖空间,并在超挖空间周围 10 m 围岩内布置单体液压支柱临时支护系统,一梁三柱均布在井田边界Ⅳ段内,排距为 900 mm。然后,在超挖空间内搭建柔模充填袋,充填带与超挖空间形状一致,尺寸相同,并将对拉锚索穿越充填袋对拉锚索孔,在充填带一侧预留 200 mm 的外露长度,对拉锚索间排距为 1 000 mm×1 000 mm。还有,向充填袋内充注预置好的混凝土,待混凝土凝固后,向对拉锚索挂钢筋网、穿梯子梁等。有条件时在充填混凝土上方铺设木板作为柔性接顶结构,防止混凝土切入软弱顶板,影响两侧煤巷稳定性。最后,待柔膜混凝土完全凝固后,开始掘进煤巷。

5.4.2.2 巷道布置优化围岩性质

为了揭示夹矸层位对巷道围岩结构承载能力的影响,模拟采用 6 个方案:方案 1 为巷道布置在 4^{-2} 煤层中,留 0.5 m 厚底煤掘进;方案 2 为巷道布置在 4^{-2} 煤层中,沿夹矸层掘进;方案 3 为巷道布置在 4^{-2} 煤层中,沿 4^{-1} 煤层掘进;方案 4 为巷道布置在 4^{-1} 煤层和 4^{-2} 煤层中破夹矸掘进;方案 5 为巷道布置在 4^{-1} 煤层中,破夹矸沿 4^{-2} 煤层掘进;方案 6 为巷道布置在 4^{-1} 煤层中沿夹矸层掘进,各方案巷道布置层位如图 5-46 所示。

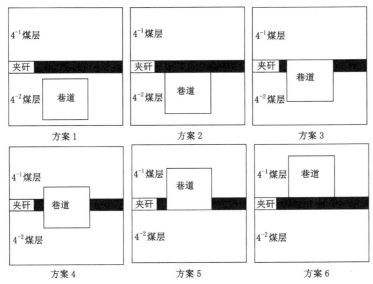

图 5-46 巷道层位布置改性方案

夹矸层位对煤岩界面剪切滑移的作用规律如图 5-47 所示,层位 1 中的煤岩界面位于巷道顶板上方,直接顶为煤层,受邻近采煤工作面采动动压作用,煤岩界面剪切滑移呈非对称分布特征,煤柱侧界面滑移范围大于实体煤侧界面滑移范围,夹矸与上下煤层分界面均出现了剪切滑移区,且下部分界面剪切滑移区范围大于上部分界面剪切滑移区,不利于巷道围岩稳定控制;层位 2 中的煤岩界面位于巷道顶板上方,直接顶为夹矸,受邻近采煤工作面采动动压作用,煤岩界面剪切滑移也呈非对称分布特征,煤柱侧界面滑移范围大于实体煤侧界面滑移范围,整体界面剪切滑移范围小于层位 1 中的界面剪切滑移范围。层位 3 中的煤岩界面位于巷道帮部上段,直接顶为煤层,受邻近采煤工作面采动动压作用,界面滑移仅出现在帮部上层煤岩界面,下部煤岩界面未出现滑移破坏,煤柱帮煤岩界面滑移范围大于实体煤帮煤岩界面滑移范围。层位 4 中的煤岩界面位于巷道帮部中段,煤岩界面未出现滑移破坏,有利于巷道围岩稳定。层位 5 中的煤岩界面位于巷道帮部下段,下部煤岩界面出现滑移破坏,基本呈对称分布。层位 6 中的煤岩界面位于巷道底板煤层中,剪切滑移现象较为明显。

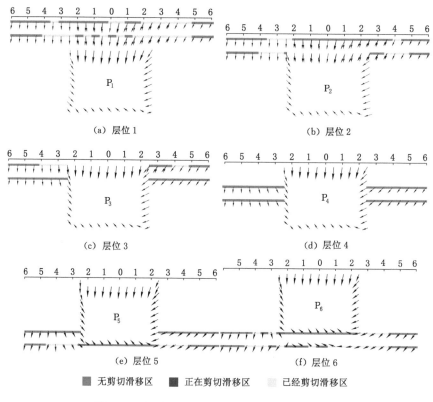

图 5-47　夹矸层位对煤岩界面剪切滑移作用规律

夹矸层位对巷道围岩位移的作用规律如图 5-48 所示,层位对巷道围岩表面位移影响显著,从方案 1 到方案 3 巷道底鼓量呈现直线下降,底鼓量从 634 mm 减小到 87 mm;从方案 3 到方案 5 巷道底鼓量略有减小,维持在 52～87 mm 之间,底鼓量较小;从方案 5 到方案 7 巷道底鼓量呈现出先增加后减小的趋势。从方案 1 到方案 7,巷道顶板变形量呈现出稳定、减小、再稳定的变化趋势,方案 1 和方案 2 巷道顶板变形量较大,为 203 mm,方案 3 到方案 6 巷道顶板变形量较小,为 22～43 mm 之间。层位变化对两帮变形影响不明显,但有一定的规律,方案 3 到方案 5 两帮围岩变形量较大,其他方案较小。

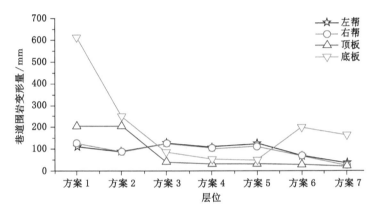

图 5-48 夹矸层位对邻空煤巷位移作用规律

5.4.2.3 注浆加固围岩强度强化机理

注浆材料注入煤岩体内,充填煤岩体内孔洞、裂隙等不连续缺陷,改变微观结构,增加煤岩材料微晶体间的吸引力,微观结构的改变影响宏观煤岩材料的内聚力和内摩擦角,如图 5-49 所示,在围压为 10 MPa 时,煤岩材料呈现初期应变增加后反弹的现象,原因在于围压的施加,中期呈现线弹性增加、非线性屈服破坏、峰后强度衰减、残余承载特性。随着煤岩内聚力的增加,煤岩弹性承载区间增加,峰值应力逐渐增加,残余强度逐渐增加,残余强度增幅小于峰值强度增幅,峰值强度和残余强度均呈线性增加趋势。随着内聚力的增加,煤岩弹性承载区范围亦呈增加趋势,峰值强度和残余承载强度均呈非线性增加趋势,增幅逐渐增加。通过注浆改善煤岩内聚力和内摩擦角参数,提升煤岩材料承载能力,可提升邻空煤巷围岩抗变形能力,减小围岩产生大变形的风险,有利于邻空煤巷稳定控制。

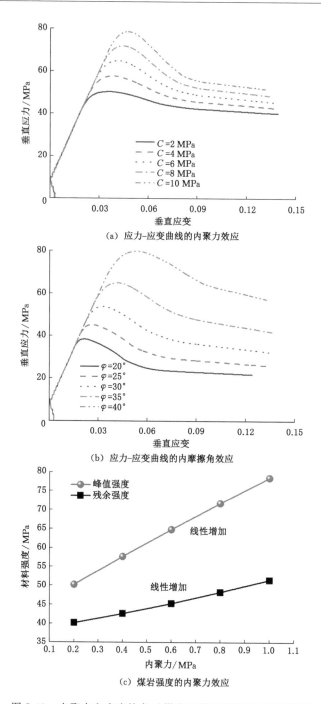

（a）应力-应变曲线的内聚力效应

（b）应力-应变曲线的内摩擦角效应

（c）煤岩强度的内聚力效应

图 5-49　内聚力和内摩擦角对煤岩材料抗压强度的作用规律

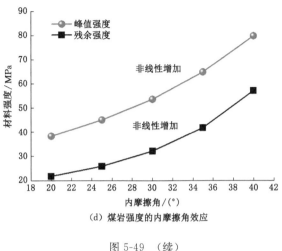

（d）煤岩强度的内摩擦角效应

图 5-49　（续）

5.4.3　支护改良控制围岩变形程度

以沿空留巷为例,应用沿空留巷这一无煤柱开采方法主要难点在于巷道变形较大,难以支护,但其巷道围岩应力分布和巷道变形具有一定规律性。不同阶段应力分布和巷道变形规律如下:① 巷道掘进阶段,支承应力集中区主要分布在巷道两帮,此时巷道变形主要为帮部变形。② 超前采动阶段,采空区上方岩层的重量逐渐向周围未开采煤岩体转移,导致周围煤岩体内的支承应力增加,此时帮部位移增大,且回采侧煤帮变形要大于非回采侧煤帮,顶板也开始逐渐变形。③ 留巷阶段,采空区侧向端部形成悬臂结构,该结构一侧由实体煤支撑,一侧由采空区冒落矸石支撑,沿空留巷整体位于该结构的下方,支承应力主要集中在未采煤侧顶板,此时非回采帮部变形迅速增大,由于回采帮无煤柱存在,巷道上覆岩层所形成的悬臂结构会出现一定偏转,导致切缝侧顶板下沉量远大于煤帮侧。本章通过对各段进行模拟预测其顶板和帮部变形量,然后对其进行变形等级划分,针对不同变形等级提出不同的支护方案,为类似条件下矿井巷道支护提供参考依据。

5.4.3.1　邻空煤巷围岩分区变形预测

经过切顶、补强支护和巷旁支护后实体煤段沿空留巷位移量＞采空区段沿空留巷位移量＞邻近煤柱段沿空留巷位移量,并且实体煤段沿空留巷帮部垂直应力最大值为 52.5 MPa,采空区段沿空留巷帮部垂直应力最大值为 44.1 MPa,邻近煤柱段沿空留巷帮部垂直应力最大值为 40.6 MPa,顶板应力弱化效果为邻近煤柱段＞采空区段＞实体煤段,应力状态与其位移模拟值相吻合。如图 5-50 和图 5-51 所示。

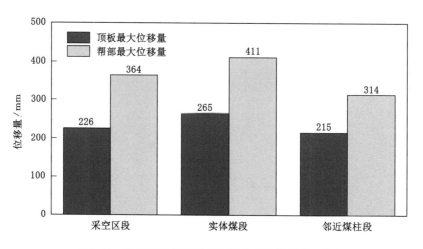

图 5-50　近距离煤层下位煤层沿空留巷位移分区特征

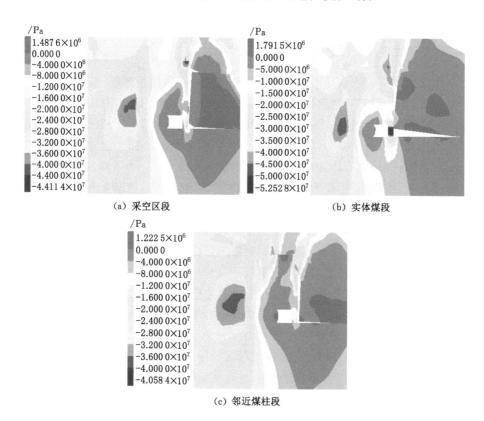

图 5-51　近距离煤层下位煤层沿空留巷围岩应力分布规律

5.4.3.2　锚杆支护围岩强度强化机理

（1）预紧力对围岩压应力的强化作用

锚杆支护可改善围岩的受力环境和承载结构，提高围岩的自承能力。固定锚杆长度为 2.4 m，分别取预紧力为 60 kN、80 kN、100 kN、120 kN 时的围岩支护压应力场为分析对象，如图 5-52 所示。单根锚杆支护作用下，顶板、帮部浅部围岩产生了压应力场，压应力大小随锚杆工作阻力的增加呈增加趋势，压应力区范围呈增加趋势，且当锚杆预紧力超过 80 kN 时，最大压应力达到 0.257 MPa，但压应力作用范围增幅明显减小，显著小于锚杆预紧力从 60 kN 增加到 80 kN 的压应力区范围增加值，基于此，锚杆预紧力应高于 80 kN。

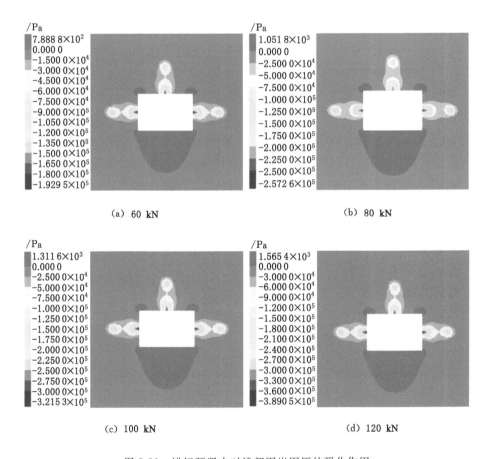

图 5-52　锚杆预紧力对浅部围岩围压的强化作用

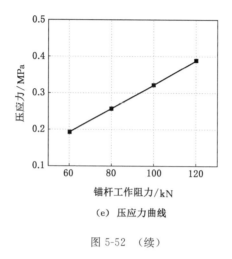

（e）压应力曲线

图 5-52　（续）

（2）锚杆长度对浅部围岩压应力场的作用

固定锚杆预紧力为 80 kN，分别取锚杆长度为 1.6 m、2.0 m、2.4 m、2.8 m 时的围岩支护压应力场为分析对象，如图 5-53 所示。随着锚杆长度的增加，单根锚杆作用下浅部围岩支护压应力峰值大小逐渐增大，但锚杆长度达到 2.0 m 以后增大幅度逐渐减小，压应力区范围沿着锚杆轴向逐渐向深部围岩扩展，沿锚杆横向的影响范围基本不变，故确定锚杆支护长度不小于 2 m。

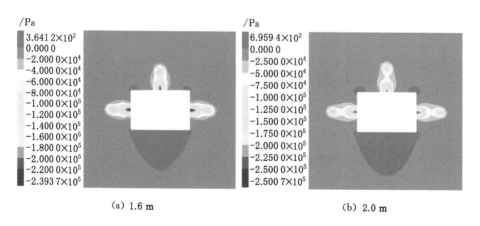

（a）1.6 m　　　　　　　　　　（b）2.0 m

图 5-53　锚杆长度对浅部围岩围压的强化作用

（3）锚杆间距对浅部围岩压应力场的作用

固定锚杆预紧力为 80 kN，分别取锚杆间排距为 500 mm、700 mm、

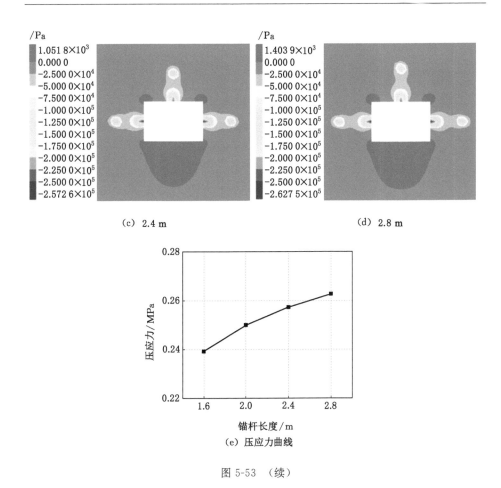

(c) 2.4 m   (d) 2.8 m

(e) 压应力曲线

图 5-53 （续）

900 mm、1 100 mm 时的围岩支护压应力场为分析对象,如图 5-54 所示。随着锚杆间距的增加,浅部围岩支护压应力峰值逐渐减小;随着锚杆间排距的增加,浅部围岩较高的压应力区与从贯通状态逐渐向分离状态演化,高压应力区范围逐渐减小。当锚杆间排距为 900 mm 时,两帮锚杆产生的浅部围岩压应力核区逐渐分离,当锚杆间排距为 1 100 mm 时,顶板锚杆产生的浅部围岩压应力核区逐渐分离。因此该条件下两帮锚杆的间排距应小于 900 mm,顶板锚杆间排距应该小于 1 100 mm,考虑经济成本和工作效率,锚杆的间排距应大于 700 mm。

5.4.3.3 分区支护强度演化规律

通过模拟不同支护强度下各分区顶板和帮部的位移量,得到各分区位移曲线如图 5-55 所示。随着支护强度的增大,各分区巷道顶板和帮部最大位移量均

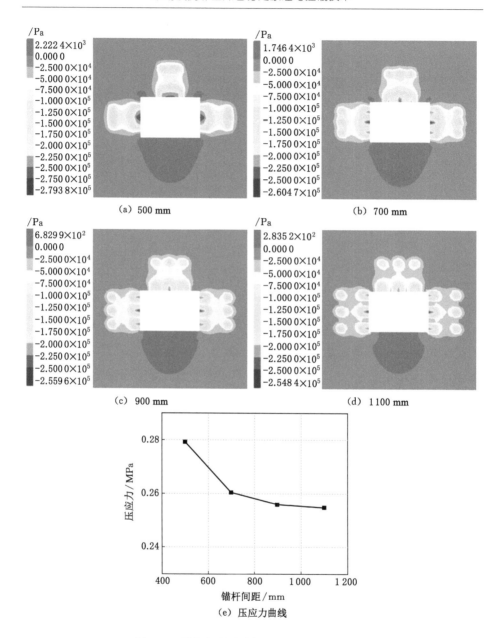

图 5-54 锚杆间距对浅部围岩围压的强化作用

在不断减小。根据现场调研可知，当变形量小于 6.5%（实体煤帮变形量小于 273 mm，顶板变形量小于 182 mm）时可以满足行人、运输等需求，故在巷旁支护和巷内补强支护后，邻近煤柱段帮部最小支护强度为 0.2 MPa，顶板最小支护

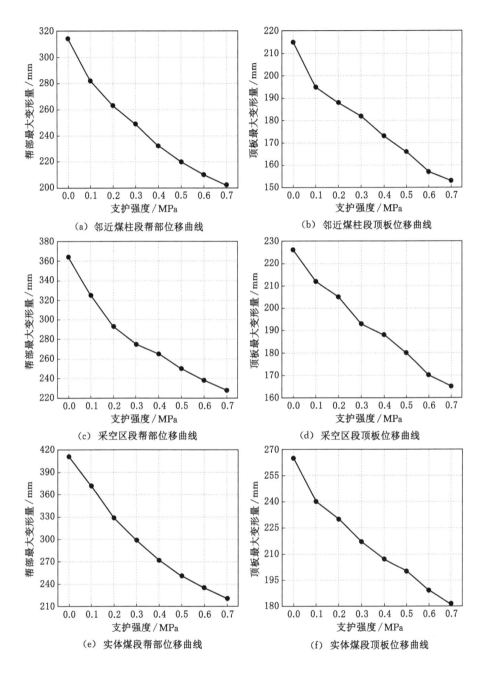

（a）邻近煤柱段帮部位移曲线

（b）邻近煤柱段顶板位移曲线

（c）采空区段帮部位移曲线

（d）采空区段顶板位移曲线

（e）实体煤段帮部位移曲线

（f）实体煤段顶板位移曲线

图 5-55 各分级不同支护强度下位移曲线

强度为 0.3 MPa；采空区段帮部最小支护强度为 0.3 MPa，顶板最小支护强度为 0.5 MPa；实体煤段帮部最小支护强度为 0.4 MPa，顶板最小支护强度为 0.7 MPa。

5.5　本章小结

本章综合采用理论分析、力学分析、数值模拟、原位监测的方法，开展了采动波扰邻空煤巷变形控制机理研究，确定了采动煤岩动静应力场时空演化规律，揭示了动静载叠加作用邻空煤巷变形破坏机理，获得了动静载叠加作用邻空煤巷稳定控制方法，具体内容如下：

① 获得了采动煤岩动静应力场时空演化规律，给出了预测煤系地层原岩应力的应力解除实测法、应力传递分析法以及应力平衡模拟法，开发了求解采动支承应力的理论分析法、相似物理模拟法和钻孔应力实测法，提出了采动煤岩动载应力强度的理论分析法、相似物理模拟法等。发现邻空煤巷围岩面临掘巷时期的原岩应力加载作用、工作面采动时期的支承应力扰动作用以及工作面采动时期的动载波振作用，处于动静载加卸载状态。

② 根据动静载叠加作用邻空煤巷变形特征，提出了采掘邻空煤巷时空承载分类标准，将邻空煤巷划分为多巷掘进工程、沿空掘巷工程、沿空留巷工程、迎采掘巷工程、遗留煤柱底板掘巷、邻近采空区开拓巷道工程等基本类型，获得了采动邻空煤巷浅表围岩剧烈破裂、中深围岩严重破裂、深部围岩微弱破裂的分区破裂特征，发现了邻空煤巷掘巷时期小变形、邻近工作面采动动态大变形以及本工作面采动动态剧烈变形的三阶段特征。

③ 根据动静载叠加作用邻空煤巷破坏机理，提出近似解算邻空煤巷围岩原岩应力的当量半径法，推演了邻空煤巷弹塑性破坏的理论计算方法，获得了掘巷时期邻空煤巷围岩塑性区、弹性区和承载薄弱部位，提出了采动波扰邻空煤巷顶板薄弱区域的梨形动态破坏、似三角形动态破坏、似三角形静态破坏演化规律，发现了动态波振邻空煤巷围岩塑性破坏加剧的动态破坏机理，揭示了动静载叠加作用邻空煤巷弹性弱化、塑性强化的力学本质。

④ 根据动静载叠加作用邻空煤巷稳定控制原理，提出了结构改造优化邻空煤岩围岩应力、材料改性提升邻空煤巷围岩承载能力、支护改良控制围岩变形程度的采动邻空煤巷围岩稳定控制方法，研发了邻空煤巷分区承载分级卸压、分类承载分区改性、分级变形分区支护技术体系，获得了平均应力集度差

解算邻空煤巷围岩分级卸压技术参数、弹塑性承载阈值确定分区改性技术参数、变形阈值反演分区支护技术参数的方法,为采动邻空煤巷围岩稳定控制提供了技术支撑。

6 采动邻空煤巷围岩控制工程试验

6.1 双巷掘进工程试验

以同煤浙能麻家梁煤业有限责任公司(麻家梁煤矿)典型条件下的邻空巷道为试验对象,试验了预裂控顶、煤柱减宽和让压支护对采动邻空巷道大变形的预控作用效果,验证了"采动邻空巷道弱化动静载控制技术"的可行性。

6.1.1 现场工程地质概况

麻家梁煤矿位于山西省朔州市,主采 4# 煤层。4# 煤层平均厚度为 9.78 m,平均倾角为 2°,平均埋深为 639.25 m。4# 煤层直接顶为泥岩,平均厚度为 0.49 m;基本顶为砂岩,平均厚度为 8.49 m;直接底为炭质泥岩,平均厚度为 1.16 m;基本底为砂岩,平均厚度为 3.98 m。4# 煤层上方存在两组坚硬顶板,层厚分别为 8.49 m 和 11.84 m,距离 4# 煤层顶部分别为 0.49 m 和 17.95 m。4# 煤层附近岩层的物理力学属性如图 6-1 所示。

麻家梁煤矿 4# 煤层采用综采放顶煤长壁开采方法布置采煤工作面,采用完全垮落法处理采空区顶板,前期试验了留煤柱双巷掘进的方式布置相邻区段回采巷道,其典型的采掘工程立体图如图 6-2 所示,在回风巷 II 中做了一系列工程试验,取得了有益的实践结论。随后试验沿空掘巷布置回采巷道,即在工作面 I 开采形成的采空区基本稳定后,沿稳定采空区边缘留设煤柱进行沿空掘巷(回风巷 II)。现场就工作面 I 开采后覆岩结构变化对回风巷 II 的影响、回风巷 II 的支护结构变化对回风巷 II 的影响进行了对比试验,监测了采动支承应力演化规律。

6.1.2 邻空煤巷稳控技术

6.1.2.1 预裂控顶技术

依据"预裂控顶消波减载技术",在麻家梁煤矿某工作面进行了试验,采用水力致裂的方法对工作面 I 端头坚硬顶板进行预处理,现场施工方案如图 6-3 所示。水力致裂钻孔长度为 24 m,倾角为 30°,直径为 50 mm,开口距离巷道底板

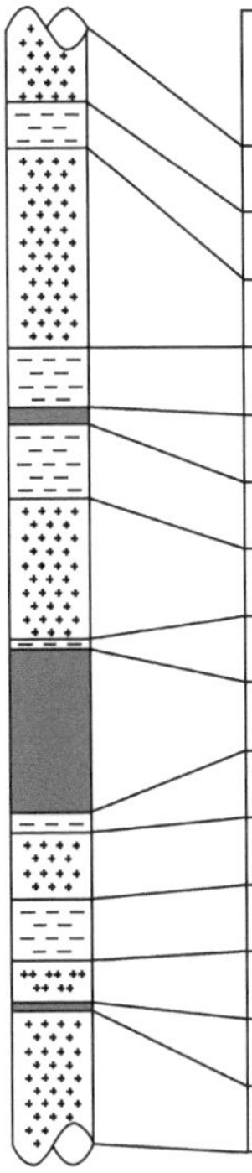

岩性	层厚 /m	埋深 /m	单轴抗压强度 /MPa	特征
砂岩	4.30	596.88	82.13	上覆岩层
泥岩	2.80	599.68	33.37	
砂岩	11.84	611.52	76.62	上部坚硬顶板
泥岩	3.62	615.14	23.16	软弱岩层组
煤	0.95	616.09	18.43	
泥岩	4.40	620.49	48.24	
砂岩	8.49	628.98	82.80	下位坚硬顶板
泥岩	0.49	629.47	51.70	直接顶
煤	9.78	639.25	26.33	4#煤层
泥岩	1.16	640.41	46.23	直接底
砂岩	3.98	644.39	67.29	基本底
泥岩	3.67	648.06	43.12	软弱岩层组
页岩	2.46	650.52	29.68	
煤	0.50	651.02	24.17	
砂岩	8.02	659.04	71.06	基本底

图 6-1　麻家梁煤矿 4# 煤层附近钻孔柱状图

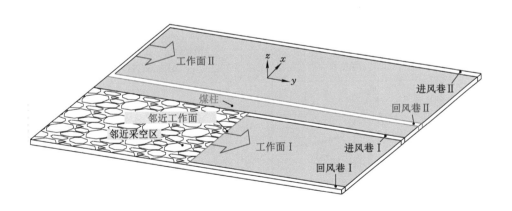

图 6-2　麻家梁煤矿 4# 煤层采掘工程立体图

2.5 m;沿工作面推进方向的钻孔间距为 30 m,单孔注水压力设定为 50 MPa,持续注水时间为 10 min。预裂控顶均在工作面 I 前方进行施工,待工作面 I 推进后,坚硬顶板 I 会在预置裂缝处断开,并在工作面 I 后方采空区内垮冒。试验长度为沿工作面推进方向 500 m。

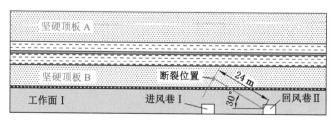

图 6-3　预裂控顶现场施工方案

6.1.2.2　煤柱减宽技术

依据"煤柱减宽减载承波技术",在麻家梁煤矿某工作面进行了试验,采用模拟的侧向支承应力分布规律对煤柱进行减宽处理,如图 6-4 所示。采空区侧向支承应力降低区、升高区分别为 0~5 m 和 5~50 m,峰值位于侧向 15 m 的位

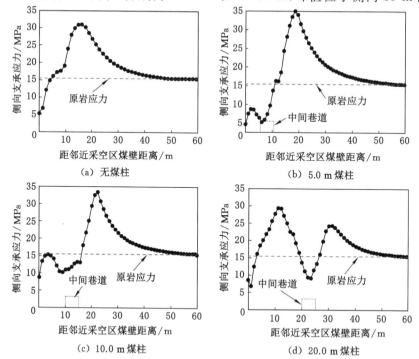

图 6-4　煤柱减宽现场施工方案

置。为使煤柱和巷道围岩避开峰值应力,处于较低的静载应力环境,煤柱宽度不宜超越 10.0 m。当煤柱宽度为 5.0～10.0 m 时,煤柱及巷道附近围岩均处于应力降低区,且应力峰值向煤体深部转移,远离了煤柱及巷道围岩。当煤柱宽度大于 10.0 m 时,煤柱内支承应力峰值逐渐增加,处于应力增高区,巷道两侧围岩均存在应力增高区。基于以上分析,确定此类条件下区段煤柱宽度为 5.0～10.0 m。与试验区段煤柱 19.5 m 相比,节省了 9.5～14.5 m 宽的煤柱,且围岩静载应力显著降低。

6.1.2.3 让压支护技术

依据"让压支护减波承载技术",在麻家梁煤矿某工作面进行了试验,采用单炮让压锚杆代替普通螺纹钢锚杆对回风巷Ⅱ进行巷内让压支护处理,现场施工方案如图 6-5 所示。锚杆支护参数及材料见表 6-1,对于普通螺纹钢锚杆支护断面,采用 19 根锚杆,3 根钢绞线锚索,对于让压锚杆支护断面,采用 14 根单炮让压锚杆和 6 根双炮让压锚索。单炮让压管长度为 40 mm,让压距离为 30 mm,让压荷载为 150～180 kN。双炮让压管长度为 60 mm,让压距离为 50 mm,让压荷载为 200～250 kN。

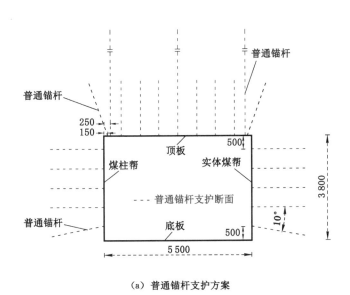

（a）普通锚杆支护方案

图 6-5 让压支护现场施工方案

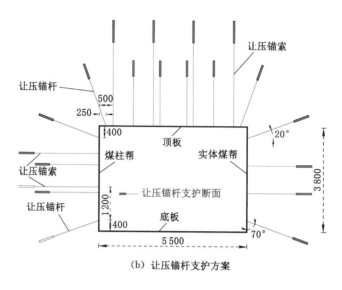

（b）让压锚杆支护方案

图 6-5 （续）

表 6-1 让压锚杆支护材料及参数

参数	普通锚杆（螺纹钢）		让压锚杆（螺纹钢）		
支护体	锚杆	锚索	锚杆	锚索	锚索
作用位置	顶板、帮部	顶板	顶板、帮部	顶板	煤柱帮
直径/mm	20	17.8	22	22	22
长度/mm	2 400	9 000	2 400	9 000	5 300
间距/mm	700	2 500	850	1 500	1 200
排距/mm	800	800	800	800	800
破断荷载/kN	150	380	240	550	550
备注	HRB335	19 箍钢绞线	HRB500	19 箍钢绞线	19 箍钢绞线

让压锚杆配套装备由阻尼螺母、减磨垫圈、承载钢垫圈、单炮让压管、承载钢垫圈、球形钢托盘（150 mm×150 mm×10 mm）、方形钢带托盘（300 mm×300 mm×3.75 mm）、螺纹钢锚杆组成，如图 6-6(a)所示。让压锚索配套装备由锁具、双炮让压管、球形钢托盘（300 mm×300 mm×14 mm）、锚索组成，如图 6-6(b)所示。锚杆预紧力不低于 40 kN，锚索预紧力不低于 100 kN。锚杆采用一支 K2340 和一支 Z2360 的树脂锚固剂，锚索采用一支 K2340 和两支 Z2360

的树脂锚固剂。配套使用直径为 6.5 mm 的钢筋网和厚度为 3.4 mm 的 M 型钢带进行护表。

(a) 让压锚杆配套结构　　　　　　(b) 让压锚索配套结构

图 6-6　让压锚杆配套装备

6.1.3　邻空煤巷稳控效果

6.1.3.1　预裂控顶作用效果

以采动支承应力增加值和巷道累计变形为指标,分析预裂控顶对邻空巷道围岩大变形的作用效果。预裂控顶可显著降低采动邻空巷道煤柱内静载支承应力大小。现场 20 m 宽煤柱内采动支承应力演化规律,如图 6-7 所示。无预裂控顶时,煤柱内采动支承应力增加值影响范围为工作面前方 34 m 至工作面后方 285 m,持续 319 m;工作面前方支承应力增加值具有持续时间短、频率低、幅值较低(10 MPa)的特点;工作面后方支承应力增加值具有持续时间长、频率高、幅值较高(25 MPa)的特点。与之相比,有预裂控顶时,煤柱内采动支承应力增加值影响范围为工作面前方 30 m 至工作面后方 250 m,持续 280 m,减小了 39 m;工作面前方支承应力增加值具有持续时间短、频率低、幅值高(53 MPa)的特点,震荡次数显著减小;工作面后方支承应力增加值具有明显的分区特征,高频、高幅值震荡支承应力(达 40 MPa),发生在工作面后方 28 m 至 70 m;持续低幅值稳定支承应力(基本小于 5 MPa),发生在工作面后方 70 m 之后,采动支承应力增加值显著降低。

预裂控顶可显著减小采动邻空巷道大变形。煤柱宽度为 20 m、让压锚杆支护后的采动邻空巷道变形破坏特征如图 6-8 所示。无预裂控顶时,邻空巷道大变形以剧烈底鼓为主,煤柱帮底角内移,呈倒梯形分布形态,顶板和实体煤帮变形较小,局部较剧烈,顶板、煤柱帮、底板、实体煤帮累计变形量分别为 300 mm、460 mm、2 500 mm 和 280 mm,变形较剧烈。有预裂控顶时,邻空巷道变形量

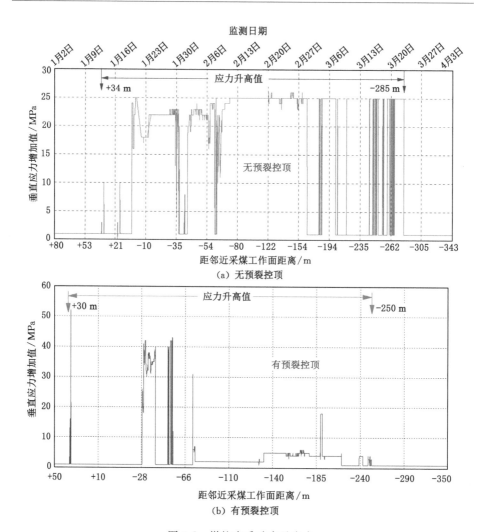

图 6-7 煤柱内采动支承应力

（a）无预裂控顶

（b）有预裂控顶

图 6-8 实拍邻空巷道断面

显著减小,以底鼓变形为主,顶板、两帮变形较小,呈矩形分布形态,顶板、煤柱帮、底板、实体煤帮累计变形量分别为 180 mm、260 mm、1 000 mm 和 210 mm,变形量分别减小了 40.00%、43.48%、60.00% 和 25.00%,控制效果显著。

6.1.3.2　煤柱减宽作用效果

以巷道累计变形为指标,分析煤柱宽度对邻空巷道围岩大变形的作用规律,试验煤柱宽度分别为 5 m、20 m、40 m 和 60 m。减小煤柱宽度可显著减小采动邻空巷道断面收缩率(图 6-9)。随着煤柱宽度的增加,掘进时期邻空巷道断面收缩率呈减小后稳定的变化趋势,但相差不大,显著小于回采时的巷道断面收缩率;工作面回采时期邻空巷道断面收缩率呈稳定后减小的变化规律,当煤柱宽度为 5 m 时,采动邻空巷道断面收缩率为 41%,显著小于煤柱宽度为 20～40 m 时的采动邻空巷道断面收缩率(56%～69%),大于煤柱宽度为 60 m 时的采动邻空巷道断面收缩率(32%)。煤柱宽度减小可显著减小采动邻空巷道断面收缩率,验证了"煤柱减宽减载承波技术"的合理性。

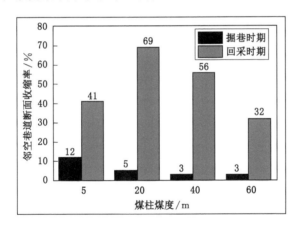

图 6-9　邻空巷道断面收缩率与煤柱宽度的关系

6.1.3.3　让压支护作用效果

以现场拍摄锚杆变形破坏为指标,分析让压支护对邻空巷道围岩大变形的作用机制,无预裂控顶、煤柱宽度为 20 m 时的采动邻空巷道锚杆支护体变形破坏特征如图 6-10 所示。普通螺纹钢锚杆发生断裂破坏,难以形成合适的巷内围岩承载结构,支撑采动邻空巷道大变形。让压锚杆的让压管发生屈服破坏,锚杆支护体及其余部件仍然处于弹性承载状态,可以形成合适的巷内围岩承载结构,在允许巷道围岩适量变形释放变形能的同时,支撑残余变形能,阻止采动邻空巷道大变形。

图 6-10　让压支护现场应用效果对比

6.2　沿空掘巷工程试验

6.2.1　现场工程地质概况

以山西华阳集团新能源股份有限公司一矿(阳煤一矿)为例,该矿主采 15# 煤层,该煤层埋深平均 600 m,煤层的厚度为 6.2～7.8 m,平均厚度为 6.5 m,煤层倾角为 2°～11°,平均倾角为 4°,为近水平煤层,总体构造形态为一单斜构造。煤层的层理和节理比较发育;涌水量最大为 2 m³/h,正常为 0.2 m³/h;绝对瓦斯涌出量达 0.86 m³/min。本研究以 15# 煤层、13 采区的 81303 工作面为分析对象,该工作面为东西走向,南面为相邻区段工作面采空区,北面为相邻未开采的实煤体,西面分布着多条大巷,东面为采区的边界,上方和下方不存在采空区。工作面回风巷沿基本顶掘进,掘进断面大小为 5 m×4 m。工作面倾斜长 220 m,走向推进距离为 2 200 m,日进尺约为 5 m。采掘工程平面图见图 6-11,局部综合柱状图见图 6-12。靠近开采煤层上方存在两层厚层坚硬顶板——石灰岩和细砂岩,分别距煤层 0 m 和 46.5 m,平均厚度分别为 13.5 m 和 18 m。

6.2.2　邻空煤巷稳控技术

6.2.2.1　预裂控顶技术

依据"预裂控顶消波减载技术",在阳煤一矿 81303 工作面进风巷内开展水力压裂改造顶板结构试验,避免 81303 进风巷和 81305 工作面回风巷承受 81303 工作面采空区强动压影响。压裂钻孔布置如图 6-13 所示,采用地质钻机在巷道顶板开孔,钻孔直径为 56 mm,位置距煤柱侧帮 1 m,钻孔长度为 43.7 m,仰角为 50°,孔间距为 10 m,钻孔压裂深度为 11.7～43.7 m,每隔 3 m 压裂一次,每次不少于 30 min。确定高压注水泵的压力为 62 MPa,流量为 80 L/min。

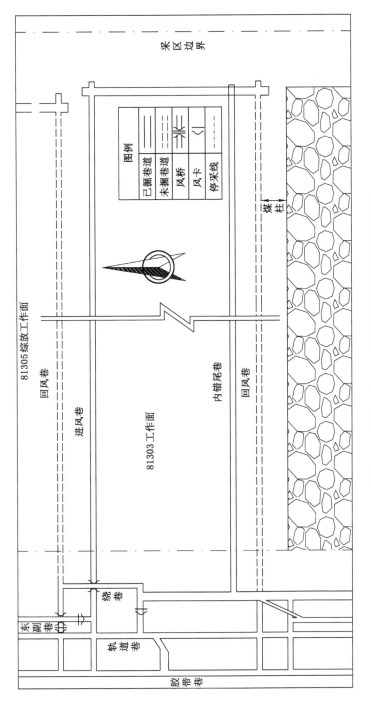

图 6-11　阳煤一矿 81303 大采高工作面采掘工程平面图

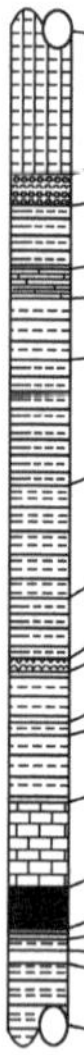

岩性	厚度/m	埋深/m	描述
中砂岩	23.0	−479.0	上部坚硬顶板
粉砂岩	5.0	−484.0	上部软弱岩层组
砂质泥岩	10.0	−494.0	
粉砂泥岩	5.0	−499.0	
泥岩	10.0	−509.0	
砂质泥岩	20.0	−529.0	
细砂岩	18.0	−547.0	上部坚硬顶板
砂质泥岩	10.0	−557.0	下位软弱岩层组
粉砂岩	2.0	−559.0	
泥岩	8.0	−567.0	
细砂岩	2.0	−569.0	
泥岩	11.0	−580.0	
石灰岩	13.5	−593.5	下位坚硬顶板
15煤层	6.5	−600.0	煤层
泥岩	2.0	−602.0	底板岩层
细砂岩	1.5	−603.5	
泥岩（含铝土质）	2.2	−605.7	
细砂岩	10.0	−615.7	

图 6-12　阳煤大采高工作面局部钻孔柱状图

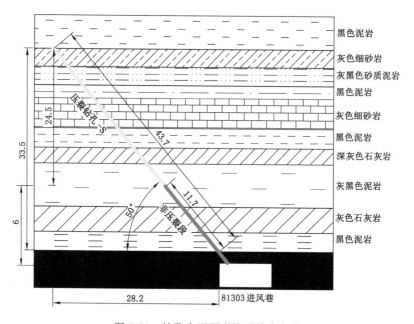

图 6-13　钻孔水压预裂控顶技术方案

6.2.2.2　煤柱减宽技术

依据"煤柱减宽减载承波技术"，在阳煤一矿工作面进行了试验，采用模拟的煤柱浅表围岩破坏程度对煤柱进行减宽处理,如图6-14所示。发现当邻空煤柱宽高比大于2.5时,煤柱浅表围岩(2 m)破裂程度为50％,且随着宽高比的增加,该破裂程度减小不明显,并趋于稳定,另外,当煤柱宽高比大于2.5时,煤柱浅表围岩(1 m)破裂程度围绕80％起伏,呈现增加、减小、再增加的波动状态。以上发现表明煤柱宽高比大于2.5时,煤柱浅表围岩破裂程度基本稳定,再增加煤柱宽高比,对煤柱稳定性影响不明显,因此确定此类条件下区段煤柱宽度为7.0 m,节省了约20 m宽的煤柱资源,且围岩静载应力显著降低。

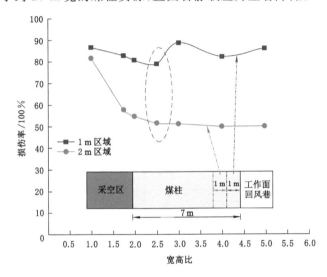

图 6-14　煤柱宽高比对煤柱破裂程度影响规律

6.2.2.3　锚杆让压支护技术

依据"让压支护减波承载技术",确定该邻空煤巷顶板采用高强左旋无纵筋螺纹钢锚杆,锚杆直径为22 mm,长度为2 200 mm,间排距为880×800 mm;同时采用19箍钢绞线锚索加强支护,锚索直径为21.8 mm,长度为7 200 mm,间排距分为两种,间隔布置,一排为1 800 mm×1 600 mm(2根锚索),一排为1 200 mm×1 600 mm(3根锚索)。两帮采用直径为20 mm,长度为2 200 mm的左旋无纵筋螺纹钢锚杆,锚杆间排距为900 mm×800 mm;同时采用7箍钢绞线锚索加强支护,锚索直径为17.8 mm,长度为4 200 mm,间排距为1 800 mm×1 600 mm。配套钢筋梯子梁,梯子梁采用直径为12 mm圆钢焊接,两顶角锚杆与竖直方向夹角为15°,四帮角锚杆与水平夹角为15°,其余锚杆均垂直于顶板或者帮部安置。锚杆预紧力不小于50 kN,锚索预紧力不小于250 kN。如图6-15所示。

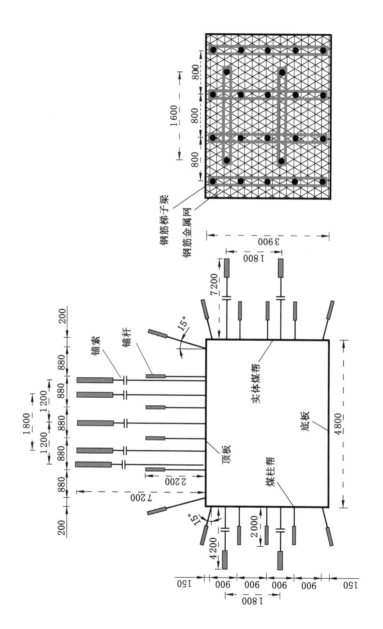

图 6-15 现场锚杆支护断面

6.2.3 邻空煤巷稳控效果

如图 6-16 所示,采用邻空煤巷围岩稳定控制技术体系后,邻空煤巷掘进工作面顶底板相对位移为 215 mm,两帮相对位移为 285 mm,解决了掘巷邻空煤巷冒顶的技术难题,变形量显著减小,能够满足矿井安全高效生产,应用效果显著,为阳煤集团下属二矿、新景矿、新元矿、景福矿、寺家庄矿等类似的动压邻空煤巷稳定控制提供了实践经验和技术支撑。

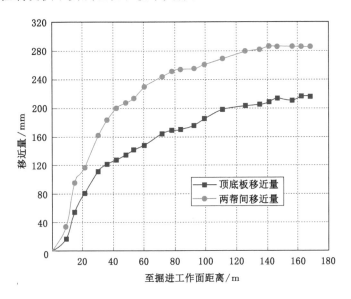

图 6-16 邻空煤巷掘巷变形特征

6.3 迎采掘巷工程试验

6.3.1 现场工程地质概况

江苏徐矿能源股份有限公司铜川分公司(西川煤矿)1111 工作面布置在 4-2 煤层中,工作面长度 150 m,走向长 1 200 m,区段煤柱宽 22 m,煤层埋深 400 m。煤层走向 NE75°~NE90°、倾向 SE0°~SE15°、倾角为 2°~7°。该工作面位于一采区西翼,东为一采区下山保护煤柱;西为采区边界煤柱;南为 1109 综放工作面;北为未开采区。在 1109 工作面回采工程中,需要准备出 1111 工作面采煤系统。1111 工作面回风巷道向 1109 采煤工作面掘进,巷道掘进之初为实体煤掘进,然后进入 1109 工作面超前采动影响和采空区上覆岩层剧烈运动期影响范围,之后进入沿稳定采空区掘进阶段。采掘工程平面图如图 6-17 所示。

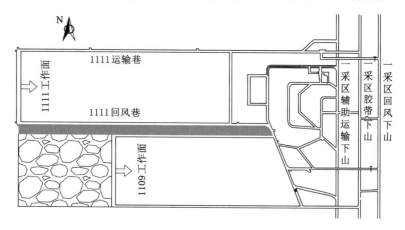

图 6-17　采掘工程平面图

4# 煤层平均厚度为 9.3 m,其中 4-1 为非稳定煤层,厚度变化较大,局部不可采,平均厚度为 4.6 m;4-2 为稳定主采煤层,平均厚度为 4.2 m;夹矸层为炭质泥岩,厚度变化较大,最厚处为 1.5 m,最薄处几乎消失,平均厚度为 0.5 m。直接顶为粉砂岩,平均厚度为 1.5 m;基本顶为中粒砂岩,平均厚度为 10.3 m,富含砂岩裂隙水;直接底为炭质泥岩,平均厚度为 1.5 m;基本底为泥岩,平均厚度为 40.5 m;基本底和直接底黏土矿物成分含量高。4# 煤层及上下各临近岩层质量评价测试结果如表 6-2 所示。

表 6-2　煤层及顶底板岩层质量评价

岩层名称	岩性	厚度/m	RQD	R_c/MPa	泊松比
基本顶	中粒砂岩	10.3	80.7	19.7	0.28
直接顶	粉砂岩	1.5	63.8	18.2	0.31
煤层	煤层	9.3	24.6	8.64	0.44
直接底	炭质泥岩	1.5	20.7	11.4	0.41
基本底	泥岩	40.5	32.2	12.8	0.38

6.3.2　邻空煤巷稳控技术

6.3.2.1　稳控原理

迎采沿空掘巷不可避免经历掘巷原岩应力加载、邻近采煤工作面动压扰动、本工作面动压扰动三个阶段,为了减小巷道覆岩挠曲变形量及塑性破坏区范围,避免覆岩产生大范围拉破坏导致离层、支护体失效和冒顶等。首先,提出分段动态控制理念,掘巷时期对顶板中间进行加强支护,防止覆岩弯曲下沉严重导致顶板中间先破坏带动覆岩整体破坏。邻近采煤工作面动压影响阶段,一方面增加顶板垂直向上的约束来减小 $q(r)$,即减小覆岩垂直应力,$q'(r) = q(r) - R$(R 为支护阻力,MPa),f 曲面向 z 坐标轴正向移动;另一方面改善覆岩内聚力 C,增加围岩自承能力,防止破碎围岩在侧向支承压力作用下产生大变形,从而减小覆岩挠曲下沉量和移动性塑性破坏区范围;效果如图 6-18 所示,随着支护阻力 R 的增加,覆岩轴向和横向塑性区均呈直线下降,但主要影响轴向塑性区;随着内聚力的增加覆岩轴向塑性区呈现两阶段变化,即高速减小和缓慢减小,对横向塑性区影响较小。本工作面动压影响阶段,对工作面前方支承压力影响区刚性加固支护,并对围岩薄弱结构进行加强支护。其次,选择合理的采掘时空关系,可以避免在移动性覆岩塑性破坏区范围内掘巷,防止采掘叠加效应导致塑性破坏区加大。最后,合理的煤柱宽度可以避免巷道处于侧向支承压力影响区,防止附加塑性破坏区出现。

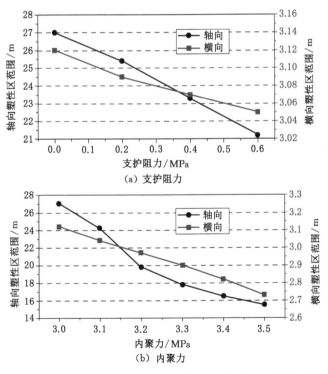

图 6-18　内聚力、内摩擦角对邻空煤巷顶板的塑性区影响规律

6.3.2.2 稳控技术

① 煤柱宽度

基于迎采动面沿空掘巷顶板围岩挠曲变形破坏规律,不同煤柱宽度下覆岩变形破坏程度不同。为防止巷道顶板出现附加塑性破坏区,考虑覆岩塑性破坏区为5～22 m,煤柱宽度应小于5 m或大于22 m,可保障跨度为5 m的巷道覆岩完全处于弹性变形区。为提高煤炭资源回收率,留设5 m护巷煤柱,技术上优越可行,经济效益和社会效益显著。

② 掘巷时机

基于迎采沿空掘巷顶板围岩挠曲变形破坏规律,在移动性三角形塑性破坏区出现前,即在邻近工作面前方 $32 \times 1.5 = 48$ m(考虑新掘巷道稳定时间,取安全系数 1.5)时停止掘巷,如图 6-19 中的位置 1。待工作面后方横向移动性覆岩塑性破坏区消失后,即邻近工作面后方 $50 \times 1.5 = 75$ m(避免已掘巷道受到采掘扰动,取安全系数 1.5)时重新掘巷,如图 6-19 中的位置 2。将邻近工作面前方 48 m 和后方 75 m 范围称为动压影响区,且其跟随邻近采煤工作面移动。

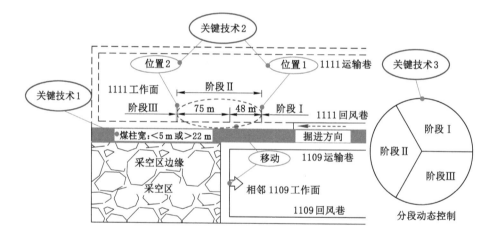

图 6-19 迎采掘巷围岩稳定控制关键技术

③ 分段动态控制

原岩应力扰动阶段,覆岩无塑性破坏区,采用常规的锚网索对顶板中间加强支护;邻近工作面动压影响阶段,覆岩经历轴向和横向的移动塑性破坏区,采用高强锚网索＋单体支柱增加顶板约束,支护范围为邻近工作面前方 48 m 和后方 75 m,并对覆岩进行注浆加固,改变围岩物理力学特性。本工作面回采超前动压扰动阶段,对煤柱等局部薄弱结构加强支护。

④ 让压支护技术

让压锚杆、恒阻大变形锚杆、单体液压支柱等均有让压支护的作用。以经济实用的让压锚杆为例,讨论动静载叠加作用下让压锚杆的工作机理,为让压锚杆支护参数设计提供理论依据。如图 6-20 所示,让压锚杆由锚固段、自由段、外露段组成,其中外露段由托盘、让压管、垫片、螺母以及外露自由段组成。让压管屈服强度应小于锚杆杆体屈服强度,并具有一定的初始强度。

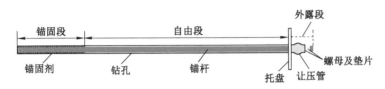

图 6-20　让压锚杆支护系统

6.3.2.3　让压支护技术

① 掘巷锚杆基础支护

顶板采用 $\phi20$ mm、长度为 2 400 mm 的 HRB500 高强预应力让压锚杆,间排距为 700 mm×800 mm,配套使用蝶形钢托盘、承载钢垫圈、减摩垫圈、单泡让压管,蝶形托盘规格为 150 mm×150 mm×10 mm,树脂药卷加长锚固,采用两支 MSCK2350 型树脂锚固剂锚固;采用 $\phi21.6$ mm、长度为 7 300 mm 的锚索,间排距为 2 000 mm×1 600 mm,配套使用蝶形托盘、承载钢垫圈、双泡让压管、锁具,蝶形托盘规格为 300 mm×300 mm×16 mm,采用 4 支 MSCK2350 树脂锚固剂锚固;顶板表面铺设 8# 菱形金属网和 $\phi14$ mm 钢筋梯子梁,钢筋梯子梁规格(长×宽)为 3 700 mm×70 mm。

两帮采用 $\phi20$ mm、长度为 2 400 mm 的 HRB500 高强预应力让压锚杆,间排距为 750 mm×800 mm,配套使用蝶形钢托盘、承载钢垫圈、减摩垫圈、单泡让压管,蝶形托盘规格为 150 mm×150 mm×10 mm,采用两支 MSCK2350 型树脂锚固剂锚固;两帮表面铺设 8# 菱形金属网和 $\phi14$ mm 钢筋梯子梁,帮钢筋梯子梁规格(长×宽)为 3 200 mm×70 mm。

② 迎采动压补强支护方案

由于采掘接续问题,1111 回风巷可能与 1109 工作面对采对掘,1111 回风巷已掘进段将经历 1109 工作面回采全程动压影响;同时 1111 工作面的部分处在一个应力分布较为异常的区域,在这个区域掘进巷道时矿压显现剧烈,为控制围岩顶板下沉、维护巷道的稳定,需要在原有基本支护参数的基础上进行关键部位加强支护,调整巷道支护参数,采用短锚索和单体支柱配合 π 型钢梁进行加强支护,如图 6-21 所示。因迎采动阶段 1109 工作面前方 40 m 和后方 140 m 处于覆

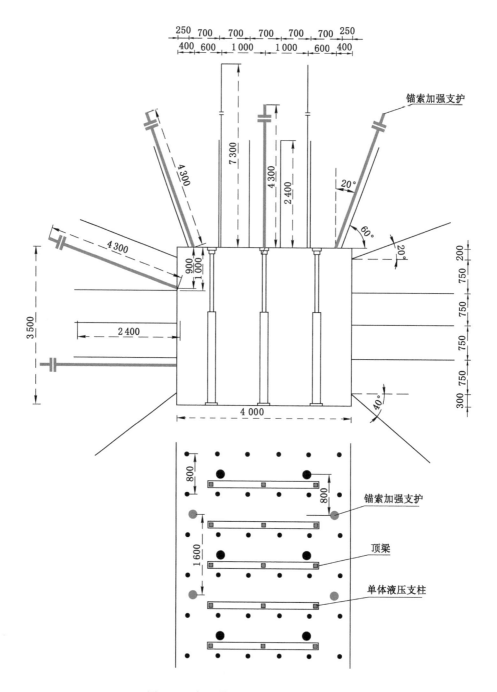

图 6-21　邻空煤巷围岩让压支护断面图

岩动压影响区,且随着 1109 工作面而移动,考虑施工时间等取安全因素,需要 1111 回风巷在 1109 工作面前方 50 m 开始在巷道中用短锚索和单体液压支柱加强支护。加强支护范围总长为 200 m 左右,其中紧跟 1109 工作面前方 50 m,滞后 1109 工作面 150 m。

在应力异常区掘巷时,根据现场情况,需要时也是用单体支柱来加强支护,具体布置依照迎采段。单体液压支柱加强支护措施为:在相邻两排锚杆与锚索直接补打一排单体液压支柱配合 π 型钢梁进行加强支护,支柱间距为 1 200 mm,可根据现场轨道、胶带、行人要求作出调整,排距为 800 mm,要求单体液压支柱初撑力不小于 25 MPa。实际施工中,不得将单体液压支柱布置在锚杆、锚索上,需将二者错开以免损坏锚杆、锚索,视具体条件,可适当调整方案。

1111 回风巷迎采段,应力异常区段巷道支护参数如下:锚索采用 ϕ18.9 mm× 4 300 mm 的钢绞线锚索,顶板 3 根,护巷煤柱帮 2 根,两顶角锚索根部距离帮部 400 mm 以倾角 20°倾斜布置,顶板中间锚索垂直向上布置。护巷煤柱帮上位锚索根部距离顶板 900 mm 以倾角 20°倾斜向上布置,下位锚索根部距离底板 1 000 mm 水平布置。

6.3.3　邻空煤巷稳控效果

将试验迎采掘巷邻空煤巷变形分为缓增期、超前采动影响期、采动影响滞后期、变形稳定期。

① 缓增期(迎采巷道掘进迎头距毗邻区段工作面前方 50 m 之外):迎采巷道只受到掘进应力扰动,开挖巷道浅部围岩有所变形破坏,所以此时巷道围岩变形速度有一个缓增期。

② 超前采动影响期(迎采巷道掘进迎头距毗邻区段工作面前方 0～50 m 范围内):随着迎采巷道掘进迎头逐渐趋近于毗邻采煤工作面,受毗邻工作面超前压力的影响,迎采巷道围岩的应力环境也逐渐恶化,应力和变形逐渐增大;此阶段顶底板累积收敛量达到 800 mm,两帮移近量也达到 100 mm,此阶段巷道围岩变形剧烈。虽然迎采巷道围岩压力随邻近采煤工作面而逐渐增加,巷道变形量也逐步增大,但上覆岩层结构只受到小程度影响,还是处于稳定态势,只要采取合理的加强支护便可维持巷道围岩的稳定。

③ 采动影响滞后期(迎采巷道掘进迎头距毗邻区段工作面后方 0～140 m 范围):当迎采巷道掘进迎头处于毗邻工作面后方时,受到不稳定的基本顶剧烈活动影响,巷道围岩的压力剧增,应力环境急剧恶化,最大变形速度超过 70 mm/d。

④ 变形稳定期(迎采巷道掘进迎头距毗邻区段工作面 140 m 以外):由测站 6 数据可以看出,随着迎采巷道掘进迎头远离工作面,毗邻采煤工作面基本顶活动逐渐趋于稳定,应力环境也逐渐趋同于传统的沿空掘巷,变形能得到释放,巷道变形也趋于稳定状态,保持较小速度稳定变形。如图 6-22 所示。

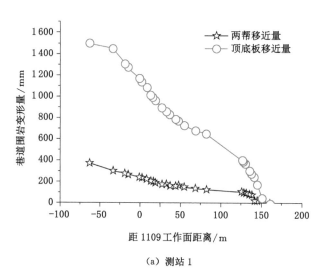

（a）测站 1

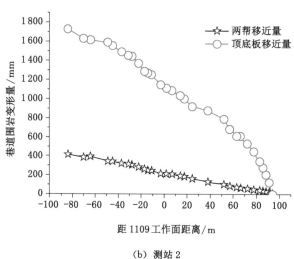

（b）测站 2

图 6-22　邻空煤巷变形规律

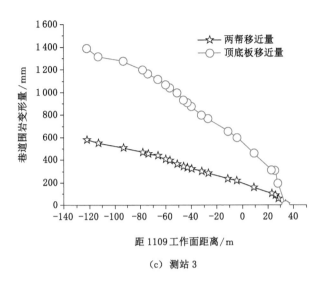

（c）测站 3

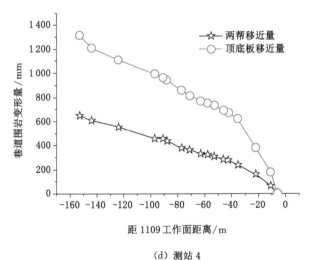

（d）测站 4

图 6-22　（续）

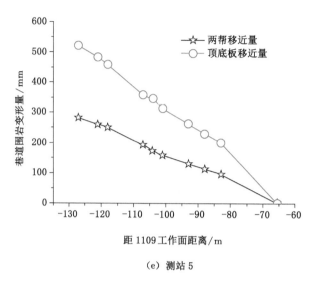

（e）测站 5

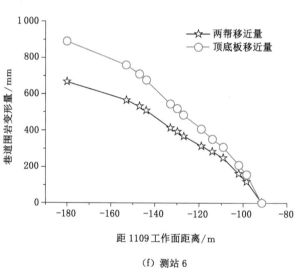

（f）测站 6

图 6-22 （续）

6.4 沿空留巷工程试验

6.4.1 现场工程地质概况

山西玉和泰煤业有限公司 5334 工作面地面位于矿区东南部,地表为多个山脊构成,倾向约 13°左右,为植被覆盖,无大面积集水区、沟谷水及其他水体。经调查,地面无重要建筑物与构筑物,工作面及周围 500 m 范围内无水源井、钻孔、小窑井筒分布情况。5334 工作面回采后对地表影响较小。该工作面位于五采区,3# 煤层之中,位于矿区东南部;东部为 5334 里段采空区,西部为胶带大巷,南部 2# 煤为 2236 采空区,3# 煤为实体煤,北部为 2332 采空区。工作面走向长度为 1 150 m,倾斜长度为 180 m,面积为 207 000 m²,工作面顺槽长度为 1 150 m。

本工作面属 3# 煤层,含 0~1 层夹矸,为简单结构煤层,以砂岩和泥岩为主,煤(岩)类型为半亮型及光亮型,煤层厚度为 1.6~2.0 m,平均厚度为 1.8 m,容重为 1.35 t/m³,煤层硬度为 1,煤层倾角为 3°~5°,平均倾角为 4°,煤层层理良,节理一般,煤质为中灰-低硫的中热值-高热值主焦煤,其中灰分含量为 36.98%、挥发分含量为 13.06%、含硫量为 0.5%、黏结指数为 83、发热量为 22.6 MJ/kg。顶底板岩性情况见表 6-3。

表 6-3 顶底板岩性特征

顶底板名称		岩石名称	厚度/m	岩性特征
顶板	基本顶	中粒砂岩	5.3	深灰色,巨厚层状,石英为主,含暗色物质,次圆状,分选好,泥质胶结,半坚硬,裂隙较发育,均匀层理,上部夹有泥岩薄层。$f=5\sim6$
	直接顶	细粒砂岩	1.5~2.1	深灰色,巨厚层状,石英为主,含炭屑与暗色矿物,泥质胶结,裂隙较发育,波状层理。$f=5$
	伪顶	泥岩	3.2	灰色至深灰色,块状。平坦断口,含少量植物化石碎片。$f=4$
底板	直接底	沙质泥岩或粉砂岩	1.0	灰黑色,少量黄铁矿薄膜,含云母。深灰色,松软,块状,含少量植物化石碎片。$f=4\sim5$
	基本底	细砂岩	4.0	深灰色,巨厚状,石英为主,含炭屑与暗色矿物,泥质胶结,裂隙较发育,波状层理。$f=4$

6.4.2 邻空煤巷稳控技术

6.4.2.1 预裂控顶技术

① 采用爆破切缝方法进行切顶,从 5334 辅助进风巷 1 150 m 向外至停采线沿北帮肩窝处布置切顶爆破孔,切顶爆破孔超前煤壁 100 m,逐次打眼,逐次进行切顶爆破,直至 5334 辅助进风巷停采线。

② 依据 2# 煤层与 3# 煤层间距大小,设计切顶爆破孔孔深 6～11 m,孔间距为 0.5 m,钻孔直径为 42 mm,爆破孔与水平方向夹角 75°打设,倾向于 5334 工作面侧。

③ 当切顶爆破装药时,封泥长度为 2 m,装药深度为 4～9 m。每次施工布置 3 个炮孔,一次打眼,一次装药,一次起爆。

④ 爆破采用煤矿许可三级煤矿乳化炸药,炸药规格为 $\phi 32$ mm×300 mm/卷,选用煤矿用爆破线,爆破孔口采用黏土炮泥封孔。

⑤ 切顶爆破孔使用锚杆钻机打设 $\phi 42$ mm 爆破眼,采用 $\phi 32$ mm 炸药装药进行爆破切顶。

⑥ 切顶孔布置呈"一"字形分布,切顶孔位于巷道顶板与北帮夹角处,与水平方向夹角为 75°,倾向于采煤工作面一侧,切顶孔间距为 500 mm。综合考虑上述计算结果及顶板岩性沿走向变化情况,确定留巷顺槽里钻孔深度为 6～11 m,根据具体勘探结果,钻孔深度可实时调节,相应的装药量也应配套调整。

⑦ 切顶孔布置在距正帮 100 mm 处,与铅垂线夹角为 15°,切缝孔间距为 500 mm。切缝钻孔布置剖面图如图 6-23(a)所示。

⑧ 爆破采用三级煤矿乳化炸药。炸药规格为 $\phi 32$ mm×300 mm/卷。雷管采用煤矿许用毫秒延期电雷管。

⑨ 根据 5334 辅助进风巷顶板岩性分析,拟采用以下爆破参数进行试验,爆破参数需根据现场试验效果确定,确定爆破装药 12 卷(4 m 长)～30 卷(9 m长)。炸药捅到孔底,孔口用炮泥封孔,炸药采用一次连爆方式,如图 6-23(b)所示,具体参数见表 6-4。

表 6-4　爆破预裂切缝试验成功后确定采用的爆破参数

编号	炸药($\phi 32$ mm×300 mm/卷)	装药结构	封泥长度
1	12 卷	6+6	2 m
2	30 卷	6+6+6+6+6	2 m

6.4.2.2 煤柱减宽技术

基于煤柱减宽减载承波技术,结合近距离采空区下围岩处于应力降低区的

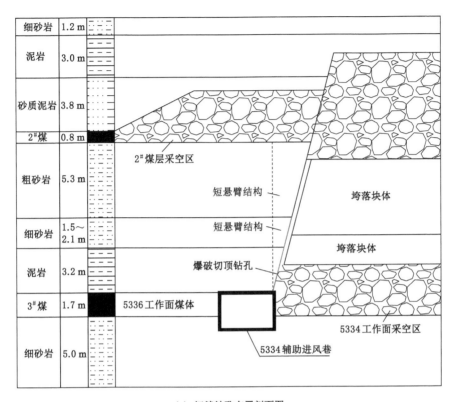

（a）切缝钻孔布置剖面图

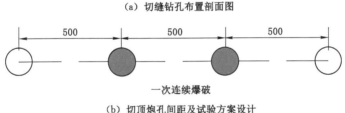

一次连续爆破

（b）切顶炮孔间距及试验方案设计

图 6-23　示范巷道钻孔爆破切顶卸压方案

有利特征,确定该类条件下采用沿空留巷布置相邻下区段工作面回采巷道,实现煤柱宽度为 0 m 的无煤柱开采技术,沿空留巷布置如图 6-24 所示。

6.4.2.3　让压支护技术

掘巷期间,帮锚杆使用 ϕ20 mm×2.4 m 金属锚杆,间排距为 800 mm×1 100 mm,每根帮锚杆使用 2 卷树脂锚固剂,锚固剂型号为 MSZ23/40(中速,白色),锚杆外露长度为 10～40 mm。托盘为圆形,锚杆均使用配套标准螺母紧固,每根锚杆预紧力不小于 60 kN,锚固力不小于 150 kN。锚网采用 5.8 mm 直

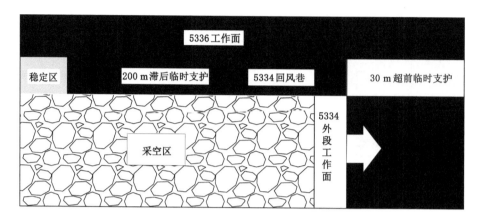

图 6-24　近距离采空区下沿空留巷实现煤柱减宽技术

径的粗钢网,网要压茬连接,并且接头必须压在锚杆托盘以下,压接长度不小于100 mm,锚网各边均用 14# 铁丝相互连接紧固,每 2 格有两个连接点。顶板锚索使用 ϕ21.6 mm×4.25 m,每根锚索使用 2 卷锚固剂,锚固剂型号为 MZK28/60(中速,白色),锚索外露长度锁具向下 150~250 mm,托盘为 300 mm×300 mm 的方托盘。锚网用直径为 5.8 mm 的粗钢网,每格都必须用不小于 12# 的铁丝连接一次,每 2 格有两个连接点。

此段巷道位于工作面超前采动影响区,需超前加强支护。自煤壁向外不小于100 m 距离。回风巷打设四排超前支护,采用单体液压支柱配合工字钢梁支护,一梁四柱,一排与下帮相距 0.5 m,一排与上帮相距 0.3 m,一排与下帮相距 1 m,一排与上帮相距 1 m。所有单体液压支柱三用阀卸液口朝向采空区。单体液压支柱要拴防倒绳,防倒绳形式为在单体的柱帽处用 10# 铁丝双股绑扎牢固与顶部的锚网梁连好。单体液压支柱初撑力不低于 90 kN,单体液压支柱必须穿铁鞋。

此段巷道位于工作面滞后影响区,采空区顶板岩石垮落会对巷道顶板产生一定的摩擦作用,巷道受动压影响明显,顶板压力较大。因此:在架后 0~200 m 范围内,顶板需要临时加强支护。留巷临时支护主要采用单体液压支柱配合工字钢梁支护,一梁四柱,见图 6-25。所有单体液压支柱三用阀卸液口朝向采空区。单体液压支柱要拴防倒绳,防倒绳形式为在单体的柱帽处用 10# 铁丝双股绑扎牢固与顶部的锚网梁连好。单体液压支柱初撑力不低于 90 kN,单体液压支柱必须穿铁鞋。

从 5334 辅助进风巷 1 150 m 处开始,待工作面推过后,从工作面 121# 支架顶梁末端开始沿切顶留巷爆破切缝孔采用可缩性 U 型钢进行架后挡矸支护。可伸缩 U 型钢采用上下两节可缩性搭接,U 型钢长 2 m,两节 U 型钢采用两副

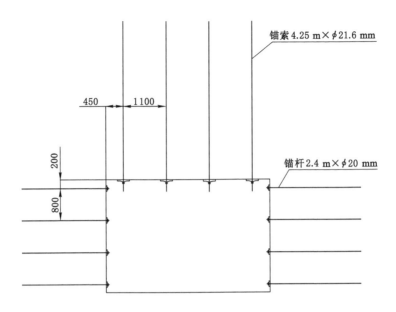

（a）掘巷锚杆索基础支护

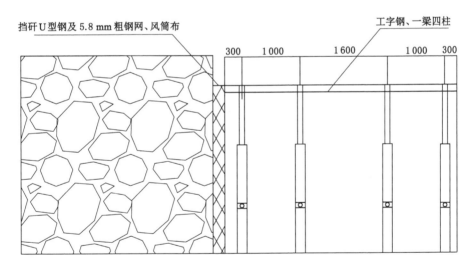

（b）留巷时期单体液压支柱加强支护

图 6-25 近距离采空区下沿空留巷支护技术

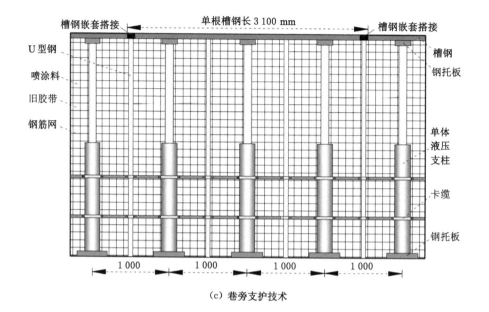

（c）巷旁支护技术

图 6-25 （续）

卡揽连接形成可伸缩挡矸 U 型钢；卡揽上下距 U 型钢搭接端头各不少于 100 mm 布置，U 型钢搭接后高度不小于 2.6 m，长度不小于 1 m；为增强可伸缩挡矸 U 型钢整体挡矸强度，在可伸缩挡矸 U 型钢之间采用连接杆进行连接。靠近顶板的上节 U 型钢顶端焊接 ϕ30 mm 圆钢，总长度为 300 mm，螺纹钢钢筋外露长度为 150 mm，上节 U 型钢靠顶板 500 mm 处加工有托举眼；下部分 U 型钢一端焊接钢板底座，底座尺寸为 200 mm×150 mm×10 mm。

U 型钢具体支护形式为：架 U 型钢之前必须从顶板切缝孔位置吊挂铅垂线进行施工，U 型钢开口平面位置沿巷道切缝线按照间距 500 mm 布置，先采用锚杆机垂直顶板打设一个深度不小于 200 mm 的顶眼孔，使用风镐等工具在底板处打设不低于 300 mm 深的柱窝，将下节 U 型钢埋入柱窝底部，并用挖柱窝的矸石填埋严实固定，再使用锚杆机拖顶上节 U 型钢，使顶端焊接的钢筋插入孔内进行固定，按要求上卡揽和连接板，最后紧固螺丝，卡揽螺丝扭矩力不低于 200 N·m。

架设好 U 型钢后，在 U 型钢靠近采空区侧垂直顶底板先布置铺设一层粗锚网，然后在锚网上铺设一层旧风筒布或旧胶带。

粗锚网顶端与顶网连接，底端与底板接触，然后在锚网上铺设一层旧风筒布或旧胶带；粗锚网与 U 型钢采用 14# 铁丝每隔 500 mm 固定一次。若出现较严重漏矸，粗锚网里边可增添菱形金属网加强挡矸支护。

沿空留巷采空区侧风筒布喷涂封堵漏风地方,为保证密闭墙施工安全,特制定本施工方案。施工目的是防止有毒有害气体外漏。

在尽量节省成本的情况下,使用临汾市惠安达有限公司的 HAD-Ⅱ高分子纳米喷涂材料。本产品属于有机高分子纳米材料,由 A、B 两组组成的复合产品,采用气动泵配合混合枪喷射即可,主要用于井下各类压裂的密闭墙体和煤壁裂缝、漏风的挡风墙、泄漏瓦斯的密封墙等墙面的喷涂,其防止有害气体的泄漏及煤炭氧化自燃,防止岩石表面风化,从而达到防止碳化及防返碱现象。以其高膨胀率,高黏结力及使用的高安全性喷射在煤层表面,同时膨胀凝结达到密闭的效果,在煤壁密闭方面起到难以替代的作用。该产品无毒,无挥发物质,属于安全喷涂材料。喷涂层黏附力强,喷涂后不流淌、不脱落,拉伸强度高,拉伸变形量大,防护及密封性能好,阻燃、抗静电性,对环境和人员无任何污染(符合环保要求)且运输方便。

6.4.3 邻空煤巷稳控效果

在 5334 工作面辅助进风巷每 50 m 左右安设一个测点,采用十字布点法对巷道围岩位移进行监测。在顶底板中部垂直方向和两帮水平方向打设一个水泥点并由钢钉做好标记。顶底板和两帮水泥点端部安设测钉,观测方法为:在两帮之间拉紧测绳,顶底板之间拉紧测绳,两线绳交叉点为基点,测读顶底板及两帮数值。由专业人员每天进行观测并记录,每周进行位移观测分析一次。顶板观测位移超过 0.05 m 时,底板及两帮位移超过 0.1 m,及时通知生产技术科,并制定巷道补强支护措施。对每天监测到的数据进行汇总和整理,监测结果如图 6-26 所示。两帮累计变形量为 200 mm 左右,顶底板累计变形量达到 500 mm 左右,以底鼓为主,经简单卧底处理后,该巷道能够满足实际的生产需求,效果显著。

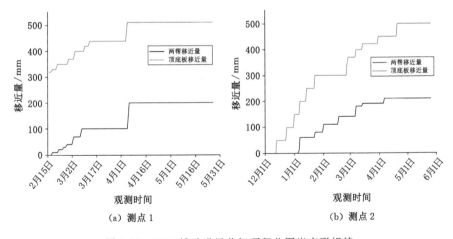

图 6-26 5334 辅助进风巷切顶留巷围岩变形规律

6.5　本章小结

本章综合采用现场调研、理论分析、工程试验、原位监测的方法,开展了采动邻空煤巷围岩控制工业试验,以及双巷掘进、沿空掘巷、迎采掘巷、沿空留巷、超挖重构、大巷加固、切眼支护、锚杆支护邻空煤巷围岩稳定控制工程试验,为类似条件下邻空煤巷围岩稳定控制提供了实践经验,具体内容如下:

① 开展了双巷掘进邻空煤巷围岩稳定控制工业性试验,示范了预裂控顶技术、煤柱减宽技术以及让压支护技术,确定了相关技术参数,双巷掘进邻空煤巷围岩应力显著减小,围岩变形可控,解决了双巷掘进邻空煤巷大变形问题。

② 开展了沿空掘巷邻空煤巷围岩稳定控制工业性试验,示范了预裂控顶技术、煤柱减宽技术、让压支护技术,围岩变形量在允许范围内,并将该技术推广应用于类似矿井沿空掘巷围岩稳定控制工程中。

③ 开展了迎采掘巷邻空煤巷围岩稳定控制工业性试验,示范了煤柱宽度、掘巷时机、分段控制、让压支护技术,迎采掘巷邻空煤巷围岩顶底板收缩明显,以底鼓变形为主,是此类邻空煤巷围岩控制的关键。

④ 开展了沿空留巷邻空煤巷围岩稳定控制工业性试验,示范了预裂控顶技术、煤柱减宽技术、让压支护技术,有效解决了沿空留巷围岩动态大变形问题,为解决采掘接替紧张难题提供了实践经验。

7　主　要　结　论

　　本书紧紧围绕邻空煤巷围岩稳定控制问题,综合采用理论分析、现场调研、室内试验、数值模拟、力学解析、工程试验、原位测试的方法,开展了采动波扰邻空煤巷稳定原理与控制技术研究,测试了煤岩材料承载变形本质力学行为,获得了煤岩结构面承载损伤行为特征,确定了煤岩结构面扰动应力波透射规律,揭示了采动波扰邻空煤巷变形控制机理,开发了采动波扰邻空煤巷稳定控制技术,示范了采动邻空煤巷围岩控制工程,为采动波扰邻空煤岩围岩稳定控制提供了理论依据、技术支撑和实践经验,具体结论如下:

　　① 测试了煤岩材料承载变形本质力学行为,确定了煤岩单轴加载力学行为准则,揭示了煤岩材料压缩、拉伸及剪切变形和破裂规律,发现了围压强化煤岩材料强度的力学特征,开展了试验煤层工程岩体基本质量评价,获得了煤岩材料变形本质力学行为研究分析方法,为分析采动邻空煤巷围岩变形破坏提供了材料参数、变形本构以及破裂准则。

　　② 获得了煤岩结构面承载损伤行为特征,提出了煤岩结构面物理相似模型重构方法,获得了煤岩结构面相似模型小位移单轴压缩变形规律,确定了煤岩结构面一维冲击强度特征,发现了煤岩结构面动静载叠加作用下的龟裂破坏、粉碎破坏、滑移破坏行为,揭示了煤岩结构面受冲抗剪强度损伤演化规律,为分析动载应力波透射煤岩结构面传播衰减规律提供了基础力学参数。

　　③ 确定了煤岩结构面扰动应力波透射规律,测试了轴压、倾角对一维纵波透射煤岩结构面的作用规律,建立了应力波透射煤岩结构面传播衰减多项式函数模型,修正了 UDEC 模拟煤岩结构面的内在缺陷,确定了适于预测应力波透射煤岩结构面强度衰减的数值分析方法,建立了应力波透射煤岩结构面的力学分析模型,揭示了煤岩结构面对应力波透射的作用规律,为预测采动波扰邻空煤巷动载应力场提供了理论基础。

　　④ 揭示了采动波扰邻空煤巷变形控制机理,获得了采动煤岩动静应力场时空演化规律,动静载叠加作用邻空煤巷变形特征,揭示了动静载叠加作用邻空煤巷破坏机理,确定了动静载叠加作用邻空煤巷稳定控制思路,提出了结构改造优化邻空煤岩围岩应力、材料改性提升邻空煤巷围岩承载能力、支护改良控制围岩

变形程度的采动邻空煤巷围岩稳定控制方法,研发了邻空煤巷分区承载分级卸压、分类承载分区改性、分级变形分区支护技术体系。

⑤ 开展了采动邻空煤巷围岩控制工程试验,示范了双巷掘进、沿空掘巷、迎采掘巷、沿空留巷等邻空煤巷围岩稳定控制工程,为类似条件下邻空煤巷围岩稳定控制提供了实践经验。

参 考 文 献

[1] 桑树勋,袁亮,刘世奇,等.碳中和地质技术及其煤炭低碳化应用前瞻[J].煤炭学报,2022,47(4):1430-1451.

[2] 刘峰,曹文君,张建明,等.我国煤炭工业科技创新进展及"十四五"发展方向[J].煤炭学报,2021,46(1):1-15.

[3] SHEN W L,WANG M,CAO Z Z,et al.Mining-induced failure criteria of interactional hard roof structures:a case study[J].Energies,2019,12(15):1-17.

[4] HE S Q,CHEN T,VENNES I,et al.Dynamic modelling of seismic wave propagation due to a remote seismic source:a case study[J].Rock mechanics and rock engineering,2020,53(11):5177-5201.

[5] SHEN W L,BAI J B,WANG X Y,et al.Response and control technology for entry loaded by mining abutment stress of a thick hard roof[J].International journal of rock mechanics and mining sciences,2016,90:26-34.

[6] 神文龙,王襄禹,柏建彪.动载的波扰致灾机理与地下工程防控[M].徐州:中国矿业大学出版社,2020.

[7] 于洋.特厚煤层坚硬顶板破断动载特征及巷道围岩控制研究[D].徐州:中国矿业大学,2015.

[8] 钱鸣高,缪协兴,许家林,等.岩层控制的关键层理论[M].徐州:中国矿业大学出版社,2003.

[9] 杜晓丽.采矿岩石压力拱演化规律及其应用的研究[D].徐州:中国矿业大学,2011.

[10] BAKUN-MAZOR D,HATZOR Y H,DERSHOWITZ W S.Modeling mechanical layering effects on stability of underground openings in jointed sedimentary rocks[J].International journal of rock mechanics and mining sciences,2009,46(2):262-271.

[11] 钱鸣高,张顶立,黎良杰,等.砌体梁的"S-R"稳定及其应用[J].矿山压力与

顶板管理,1994（3）:6-11.

[12] 卢国志,汤建泉,宋振骐.传播岩梁周期裂断步距与周期来压步距差异分析[J].岩土工程学报,2010,32(4):538-541.

[13] 钱鸣高,缪协兴,许家林.岩层控制中的关键层理论研究[J].煤炭学报,1996,21(3):225-230.

[14] WHITTAKER B N,WOODROW G J M.Design loads for gateside packs and support systems[J].International journal of rock mechanics and mining sciences and geomechanics abstract,1977,14(4):263-275.

[15] MIKHAIL E,ALEXEY P,GABRIEL E,et al.Numerical analysis of pillar stability in longwall mining of two adjacent panels of an inclined coal seam[J].Applied sciences,2022,12(21):11028.

[16] SUN Y J,ZUO J P,KARAKUS M,et al.Investigation of movement and damage of integral overburden during shallow coal seam mining[J].International journal of rock mechanics and mining sciences,2019,117:63-75.

[17] 张晓.浅埋煤层支卸组合沿空留巷围岩控制机理及技术[D].北京:煤炭科学研究总院,2021.

[18] 郭育光,柏建彪,侯朝炯.沿空留巷巷旁充填体主要参数研究[J].中国矿业大学学报,1992,21(4):1-11.

[19] 贾喜荣,翟英达.采场薄板矿压理论与实践综述[J].矿山压力与顶板管理,1999(Z1):22-25,238.

[20] 孙恒虎,吴健,邱运新.沿空留巷的矿压规律及岩层控制[J].煤炭学报,1992,17(1):15-24.

[21] 柏建彪,周华强,侯朝炯,等.沿空留巷巷旁支护技术的发展[J].中国矿业大学学报,2004,33(2):183-186.

[22] 涂敏.沿空留巷顶板运动与巷旁支护阻力研究[J].辽宁工程技术大学学报（自然科学版）,1999,18(4):347-351.

[23] 窦林名,曹晋荣,曹安业,等.煤矿矿震类型及震动波传播规律研究[J].煤炭科学技术,2021,49(6):23-31.

[24] 范天佑.断裂理论基础[M].北京:科学出版社,2003.

[25] LI X L,WANG E Y,LI Z H,et al.Rock burst monitoring by integrated microseismic and electromagnetic radiation methods[J].Rock mechanics and rock engineering,2016,49:4393-4406.

[26] CAI W,DOU L M,SI G Y,et al.A new seismic-based strain energy

methodology for coal burst forecasting in underground coal mines[J]. International journal of rock mechanics and mining sciences,2019,123: 104086-1-11.

[27] WANG S L,HAO S P,CHEN Y,et al.Numerical investigation of coal pillar failure under simultaneous static and dynamic loading [J]. International journal of rock mechanics and mining sciences,2016,84: 59-68.

[28] LU C P,LIU Y,WANG H Y,et al.Microseismic signals of double-layer hard and thick igneous strata separation and fracturing[J].International journal of coal geology,2016,160/161:28-41.

[29] WANG J,NING J G,JIANG L S,et al.Effects of main roof fracturing on energy evolution during the extraction of thick coal seems in deep longwall faces [J]. Acta geodynamica et geomaterialia,2017,14(4): 377-387.

[30] 窦林名,何江,曹安业,等.动载诱发冲击机理及其控制对策探讨[C]//中国 煤炭学会.中国煤炭学会成立五十周年高层学术论坛论文集.[出版者不 详],2012:294-299.

[31] 李振雷.厚煤层综放开采的降载减冲原理及其工程实践[D].徐州:中国矿 业大学,2016.

[32] 杨敬轩,刘长友,于斌,等.坚硬厚层顶板群结构破断的采场冲击效应[J].中 国矿业大学学报,2014,43(1):8-15.

[33] 曹安业,窦林名.采场顶板破断型震源机制及其分析[J].岩石力学与工程学 报,2008,27(S2):3833-3839.

[34] 李新元,马念杰,钟亚平,等.坚硬顶板断裂过程中弹性能量积聚与释放的 分布规律[J].岩石力学与工程学报,2007,26(S1):2786-2793.

[35] 杨震琦.层状复合结构动态力学行为及应力波传播特性研究[D].哈尔滨: 哈尔滨工业大学,2010.

[36] CROUCH S L.Solution of plane elasticity problems by the displacement discontinuity method.I.Infinite body solution[J].International journal for numerical methods in engineering,1976,10(2):301-343.

[37] 刘单权.应力波在层状岩体中的传播特性和结构面弹性模量测试[D].赣 州:江西理工大学,2016.

[38] CAI J G.Effects of parallel fractures on wave attenuation in rock masses [D].Singapore:Nanyang Technological University,2001.

[39] ZHAO X B. Theoretical and numerical studies of wave attenuation across parallel fractures[D].Singapore:Nanyang Technological University,2004.

[40] 王鲁明,赵坚,华安增,等.节理岩体中应力波传播规律研究的进展[J].岩土力学,2003,24(S2):602-605,610.

[41] 王观石,李长洪,陈保君,等.应力波在非线性结构面介质中的传播规律[J].岩土力学,2009,30(12):3747-3752.

[42] 钟东海,郭鑫,熊雪梅,等.直撞式霍普金森压杆二次加载技术[J].爆炸与冲击,2023,43(4):81-89.

[43] 白盼.三维霍普金森压杆试验装置调试与试验验证[D].天津:天津大学,2016.

[44] 王之洋,李幼铭,白文磊.偶应力理论框架下的弹性波数值模拟与分析[J].地球物理学报,2021,64(5):1721-1732.

[45] 高矗,孔祥振,方秦,等.混凝土中爆炸应力波衰减规律的数值模拟研究[J].爆炸与冲击,2022,42(12):123202-1-12.

[46] 章杰.应力波传播和喷发弹侵彻数值模拟中的 SPH 方法[D].合肥:中国科学技术大学,2015.

[47] ZHAO J,CAI J G.Transmission of elastic P-waves across single fractures with a nonlinear normal deformational behavior[J].Rock mechanics and rock engineering,2001,34:3-22.

[48] BANDIS S C,LUMSDEN A C,BARTON N R.Fundamentals of rock joint deformation[J].International journal of rock mechanics and mining sciences & geomechanics abstracts,1983,20(6):249-268.

[49] BARTON N,BANDIS S,BAKHTAR K.Strength,deformation and conductivity coupling of rock joints[J].International journal of rock mechanics and mining sciences & geomechanics abstracts,1985,22(3):121-140.

[50] 梁正召,唐春安,李厚祥,等.单轴压缩下横观各向同性岩石破裂过程的数值模拟[J].岩土力学,2005,26(1):57-62.

[51] 苏志敏,江春雷,GHAFOORI M.页岩强度准则的一种模式[J].岩土工程学报,1999,21(3):311-314.

[52] 杨强,陈新,周维垣.基于二阶损伤张量的节理岩体各向异性屈服准则[J].岩石力学与工程学报,2005,24(8):1275-1282.

[53] 杨万托,余天堂.一种新的节理裂隙岩体弹塑性模型[J].岩土力学,2003,24(2):270-272.

[54] 师林,朱大勇,沈银斌.基于广义 Hoek-Brown 非线性破坏准则的节理岩体地基承载力研究[J].岩石力学与工程学报,2013,32(S1):2764-2771.

[55] 贺少辉,李中林.层状岩体弹塑性本构关系及其工程应用研究[J].南方冶金学院学报,1994,15(3):141-148.

[56] 李海波,刘博,冯海鹏,等.模拟岩石节理试样剪切变形特征和破坏机制研究[J].岩土力学,2008(7):1741-1746,1752.

[57] 李海波,冯海鹏,刘博.不同剪切速率下岩石节理的强度特性研究[J].岩石力学与工程学报,2006,25(12):2435-2440.

[58] 沈明荣,朱根桥.规则齿形结构面的蠕变特性试验研究[J].岩石力学与工程学报,2004,23(2):223-226.

[59] 王光纶,尹显俊.岩体结构面三维循环加载本构关系[J].清华大学学报(自然科学版),2005,(9):1193-1197.

[60] 史越,傅鹤林,伍毅敏,等.层状岩石单轴压缩损伤本构模型研究[J].华中科技大学学报(自然科学版),2020,48(9):126-132.

[61] 李树忱,汪雷,李术才,等.不同倾角贯穿节理类岩石试件峰后变形破坏试验研究[J].岩石力学与工程学报,2013,32(S2):3391-3395.

[62] 贾云中,陆朝晖,汤积仁,等.变速率剪切滑移过程中页岩裂缝稳定性-渗透率演化规律[J].煤炭学报,2021,46(9):2923-2932.

[63] TIEN Y M,KUO M C.A failure criterion for transversely isotropic rocks [J].International journal of rock mechanics and mining sciences,2001,38 (3):399-412.

[64] TIEN Y M,TSAO P F.Preparation and mechanical properties of artificial transversely isotropic rock[J].International journal of rock mechanics and mining sciences,2000,37(6):1001-1012.

[65] HOEK E B E T.Underground Excavations in Rock[M].[S.l.:s.n.],1980.

[66] 宋建波,刘唐生,于远忠.Hoek-Brown 准则在主应力平面表示形式的讨论 [J].岩土力学,2001,22(1):86-87,113.

[67] KANA D D,FOX D J,HSIUNG S M.Interlock/friction model for dynamic shear response in natural jointed rock[J].International journal of rock mechanics and mining sciences & geomechanics abstracts,1996, 33(4):371-386.

[68] FOX D J,KANA D D,HSIUNG S M.Influence of interface roughness on dynamic shear behavior in jointed rock[J].International journal of rock mechanics and mining sciences,1998,35(7):923-940.

[69] BIGGS S,LUKEY C A,SPINKS G M,et al.An atomic force microscopy study of weathering of polyester/melamine paint surfaces[J].Progress in organic coatings,2001,42(1/2):49-58.

[70] HOMAND F,BELEM T,SOULEY M.Friction and degradation of rock joint surfaces under shear loads[J].International journal of numerical and analytical methods in geomechanics,2001,25(10):973-999.

[71] 刘保县,黄敬林,王泽云,等.单轴压缩煤岩损伤演化及声发射特性研究[J].岩石力学与工程学报,2009,28(S1):3234-3238.

[72] 刘晓辉,张茹,刘建锋.不同应变率下煤岩冲击动力试验研究[J].煤炭学报,2012,37(9):1528-1534.

[73] 解北京,王新艳,吕平洋.层理煤岩 SHPB 冲击破坏动态力学特性实验[J].振动与冲击,2017,36(21):117-124.

[74] 刘少虹,秦子晗,娄金福.一维动静加载下组合煤岩动态破坏特性的试验分析[J].岩石力学与工程学报,2014,33(10):2064-2075.

[75] 潘俊锋,刘少虹,杨磊,等.动静载作用下煤的动力学特性试验研究[J].中国矿业大学学报,2018,47(1):206-212.

[76] 张嘉凡,高壮,程树范,等.冲击荷载作用下煤岩动力特性试验研究[J].煤矿安全,2020,51(8):23-27.

[77] 李成杰,徐颖,张宇婷,等.冲击荷载下裂隙类煤岩组合体能量演化与分形特征研究[J].岩石力学与工程学报,2019,38(11):2231-2241.

[78] 李成杰.冲击荷载下裂隙复合岩体破坏试验研究[D].淮南:安徽理工大学,2018.

[79] 杨科,刘文杰,窦礼同,等.煤岩组合体界面效应与渐进失稳特征试验[J].煤炭学报,2020,45(5):1691-1700.

[80] 刘超,马天辉,成小雨.不同角度结构面条件下裂隙煤岩破坏特征[J].煤矿安全,2015,46(9):218-220.

[81] 苗磊刚.动载作用下煤岩组合体力学及损伤特性试验研究[D].淮南:安徽理工大学,2018.

[82] 赵宏林,赵越.倾角对煤岩组合体力学及冲击倾向性影响的颗粒流分析[J].煤矿安全,2018,49(3):198-201.

[83] 郭东明,左建平,张毅,等.不同倾角组合煤岩体的强度与破坏机制研究[J].岩土力学,2011,32(5):1333-1339.

[84] 李宏艳,齐庆新.煤岩细观结构信息提取与三维构建[J].煤矿开采,2009,14(1):15-19.

[85] 姚锡伟,周铞,陶盛宇.双弱面层状岩体本构模型及其工程应用[J].公路交通科技,2020,37(8):81-89.

[86] 解北京,严正.基于层叠模型组合煤岩体动态力学本构模型[J].煤炭学报,2019,44(2):463-472.

[87] 欧雪峰,张学民,张聪,等.冲击加载下板岩压缩破坏层理效应及损伤本构模型研究[J].岩石力学与工程学报,2019,38(S2):3503-3511.

[88] LEE H S,PARK Y J,CHO T F,et al.Influence of asperity degradation on the mechanical behavior of rough rock joints under cyclic shear loading [J].International journal of rock mechanics and mining sciences,2001, 38(7):967-980.

[89] 姜玉龙,梁卫国,李治刚,等.煤岩组合体跨界面压裂及声发射响应特征试验研究[J].岩石力学与工程学报,2019,38(5):875-887.

[90] 程海根,刘宇根,胡晨,等.胶结层含石英砂的黏钢加固混凝土界面黏结滑移本构关系研究[J].武汉科技大学学报,2020,43(3):235-240.

[91] 李育.考虑宏细观缺陷的页岩损伤本构模型研究[D].西安:西安石油大学,2019.

[92] 杜锋.受载含瓦斯煤岩组合体耦合失稳诱发复合动力灾害机制[D].北京:中国矿业大学(北京),2019.

[93] TANG C A,WONG R H C,CHAU K T,et al.Modeling of compression-induced splitting failure in heterogeneous brittle porous solids[J]. Engineering fracture mechanics,2005,72(4):597-615.

[94] 先超.不同张开度裂纹扩展的模型试验研究[D].重庆:重庆大学,2014.

[95] 魏瑞.页岩地层水力裂缝剪切滑移机理研究[D].成都:西南石油大学,2015.

[96] 冯一.基于岩石细观力学的裂缝闭合机理研究[D].成都:西南石油大学,2016.

[97] CROSBY D G,RAHMAN M M,RAHMAN M K,et al.Single and multiple transverse fracture initiation from horizontal wells[J].Journal of petroleum science and engineering,2002,35:191-204.

[98] 赵阳升,杨东,郑少河,等.三维应力作用下岩石裂缝水渗流物性规律的实验研究[J].中国科学 E辑:技术科学,1999(1):82-86.

[99] 张永亮,逄桦鹏,李涛,等.不同裂缝倾角下三维应力对岩体裂缝张开度的影响分析[J].工业安全与环保,2015,41(8):4-6,38.

[100] 周文,邓虎成,单钰铭,等.断裂(裂缝)面的开启及闭合压力实验研究[J].石油学报,2008,29(2):277-283.

[101] 闫铁,李玮,毕雪亮.清水压裂裂缝闭合形态的力学分析[J].岩石力学与工程学报,2009,28(S2):3471-3476.

[102] SATO K,WRIGHT C A,ICHIKAWA M.Post-frac analyses indicating multiple fractures created in a volcanic formation[J].SPE production and facilities,1999,14(4):284-291.

[103] HUANG B X,LI P F,MA J.Experimental investigation on the basic law of hydraulic fracturing after water pressure control blasting[J].Rock mechanics and rock engineering,2014,47(4):1321-1334.

[104] 黄炳香,赵兴龙,陈树亮,等.坚硬顶板水压致裂控制理论与成套技术[J].岩石力学与工程学报,2017,36(12):2954-2970.

[105] 綦敦科,刘建中.利用水平井分段压裂微地震裂缝方位监测确定最大水平主应力方位[J].地震学报,2017,39(5):814-817.

[106] 唐礼忠,高龙华,王春,等.动力扰动下含软弱夹层巷道围岩稳定性数值分析[J].采矿与安全工程学报,2016,33(1):63-69.

[107] 张晓春,卢爱红,王军强.动力扰动导致巷道围岩层裂结构及冲击矿压的数值模拟[J].岩石力学与工程学报,2006,25(S1):3110-3114.

[108] 秦昊,茅献彪,张光振,等.巷道围岩动载失稳数值分析[J].煤炭科技,2008(1):26-27.

[109] 刘书贤,刘少栋,魏晓刚,等.基于 ANSYS/LS-DYNA 的矿区地下巷道三维动力响应分析[J].地震研究,2016,39(1):22-27.

[110] 左宇军,唐春安,李术才.含不连续面巷道的动力破坏过程数值分析[J].地下空间与工程学报,2008,4(4):595-599.

[111] 卢爱红,茅献彪,赵玉成.动力扰动诱发巷道围岩冲击失稳的能量密度判据[J].应用力学学报,2008,25(4):602-606.

[112] 高富强,高新峰,康红普.动力扰动下深部巷道围岩力学响应 FLAC 分析[J].地下空间与工程学报,2009,5(4):680-685.

[113] 陈春春,左宇军,朱德康.动力扰动下深部巷道围岩分区破裂数值试验[J].金属矿山,2011(S1):128-131.

[114] 胡毅夫,聂峥,邓丽凡,等.动力扰动下深部巷道围岩的力学响应及控制[J].世界科技研究与发展,2016,38(2):330-335.

[115] 李夕兵,廖九波,赵国彦,等.动力扰动下高应力巷道围岩动态响应规律[J].科技导报,2012,30(22):48-54.

[116] 刘冬桥,王炀,胡祥星,等.动载诱发冲击地压巷道围岩应力计算与试验分析[J].煤炭科学技术,2015,43(9):42-46,116.

[117] 陈国祥,窦林名,高明仕,等.动力挠动对回采巷道冲击危险的数值模拟[J].采矿与安全工程学报,2009,26(2):153-157.

[118] 陶连金,许淇,李书龙,等.不同埋深的山岭隧道洞身段地震动力响应振动台试验研究[J].工程抗震与加固改造,2015,37(6):1-7,45.

[119] 蔡武.断层型冲击矿压的动静载叠加诱发原理及其监测预警研究[D].徐州:中国矿业大学,2015.

[120] 杨胜利.基于中厚板理论的坚硬厚顶板破断致灾机制与控制研究[D].中国矿业大学,2019.

[121] 霍中刚,孟涛,刘永茜.近距离煤层群窄煤柱下应力分布及巷道布置[J].煤矿安全,2022,53(2):187-194.

[124] 杨路林.极近距离下位煤层回采巷道合理位置的确定[J].煤炭技术,2017,36(12):71-73.

[123] 侯树宏.近距离厚煤层上行开采巷道布置及支护技术研究[J].煤炭工程,2021,53(11):42-47.

[124] 戴文祥,潘卫东,李猛,等.近距离煤层强扰动巷道布置与支护技术研究[J].煤炭科学技术,2020,48(12):61-67.

[125] 任仲久.近距离煤层下行开采下煤层回采巷道布置[J].煤矿安全,2018,49(3):136-139.

[126] 索永录,商铁林,郑勇,等.极近距离煤层群下层煤工作面巷道合理布置位置数值模拟[J].煤炭学报,2013,38(S2):277-282.

[127] 邵晓宁.厚硬砂岩顶板破断规律及深孔超前爆破弱化技术研究[D].淮南:安徽理工大学,2014.

[128] 陈勇,郝胜鹏,陈延涛,等.带有导向孔的浅孔爆破在留巷切顶卸压中的应用研究[J].采矿与安全工程学报,2015,32(2):253-259.

[129] 高玉兵,杨军,张星宇,等.深井高应力巷道定向拉张爆破切顶卸压围岩控制技术研究[J].岩石力学与工程学报,2019,38(10):2045-2056.

[130] 马新根,何满潮,李钊,等.复合顶板无煤柱自成巷切顶爆破设计关键参数研究[J].中国矿业大学学报,2019,48(2):236-246,277.

[131] 欧阳振华,齐庆新,张寅,等.水压致裂预防冲击地压的机理与试验[J].煤炭学报,2011,36(S2):321-325.

[132] 赵源,曹树刚,李勇,等.本煤层水压致裂增透范围分析[J].采矿与安全工程学报,2015,32(4):644-650.

[133] HUANG B X,LIU J W,ZHANG Q.The reasonable breaking location of overhanging hard roof for directional hydraulic fracturing to control

strong strata behaviors of gob-side entry[J].International journal of rock mechanics and mining sciences,2018,103:1-11.

[134] 王瑞和,倪红坚.高压水射流破岩钻孔过程的理论研究[J].石油大学学报（自然科学版）,2003,27(4):44-47.

[135] 唐建新,贾剑青,胡国忠,等.钻孔中煤休割缝的高压水射流装置设计及试验[J].岩土力学,2007,28(7):1501-1504.

[136] 葛兆龙,梅绪东,贾亚杰,等.高压水射流割缝钻孔抽采影响半径研究[J].采矿与安全工程学报,2014,31(4):657-664

[137] 康红普.我国煤矿巷道锚杆支护技术发展 60 年及展望[J].中国矿业大学学报,2016,45(6):1071-1081.

[138] 康红普,张晓,王东攀,等.无煤柱开采围岩控制技术及应用[J].煤炭学报,2022,47(1):16-44.

[139] 陈上元,何满潮,郭志飚,等.深部沿空切顶成巷围岩稳定性控制对策[J].工程科学与技术,2019,51(5):107-116.

[140] 王平,曾梓龙,孙广京,等.深井矸石充填工作面沿空留巷围岩控制原理与技术[J].煤炭科学技术,2022,50(6):68-76.

[141] 王凯,杨宝贵,王鹏宇,等.软弱厚煤层沿空留巷变形破坏特征及控制研究[J].岩土力学,2022,43(7):1913-1924,1960.

[142] 闫志强.近距离采空区下沿空留巷围岩稳定性控制技术[J].煤炭工程,2022,54(9):41-47.

[143] 李彬,郭辉,王兆宇,等.极近距离煤层采空区下覆工作面采场围岩控制技术研究[J].煤炭技术,2022,41(9):57-60.

[144] 彭文斌.FLAC 3D 实用教程[M].北京:机械工业出版社,2007.

[145] 李夕兵.岩石动力学基础与应用[M].北京:科学出版社,2014.

[146] 周波.巷道顶板弱结构体失稳机理及安全控制研究[D].淮南:安徽理工大学,2017.

[147] 庄苗,张帆,岑松,等.ABAQUS 非线性有限元分析与实例[M].北京:科学出版社,2005.

[148] DUGDALE D S.Yielding of steel sheets containing slits[J].Journal of the mechanics and physics of solids,1960,8:100-104.

[149] BARENBLATT G I.The mechanical theory of equilibrium cracks in brittle fracture[J].Advances in applied mechanics,1962,7:55-129.

[150] 王鹰宇.Abaqus 分析用户手册:指定条件、约束与相互作用卷[M].北京:机械工业出版社,2019.

[151] 徐志英.岩石力学[M].北京:水利水电出版社,1986.

[152] 夏大平,郭红玉 罗源,等.碱性溶液降低煤体冲击倾向性的实验研究[J]. 煤炭学报,2015,40(8):1768-1773.

[153] 张雨霏,李建春,闫亚涛,等.基于SHPB试验的粗糙节理面动态损伤特征 研究[J].岩土力学,2021,42(2):491-500.

[154] 闫亚涛,李建春.节理粗糙度及吻合状态对岩体动态压缩特性影响的试验 研究[J].岩石力学与工程学报,2021,40(6):1132-1144.

[155] 许江,陈奕安,焦峰,等.循环荷载条件下充填厚度对结构面剪切力学特性 影响试验研究[J].采矿与安全工程学报,2021,38(1):146-156.

[156] 马芹永,苏晴晴,马冬冬,等.含不同节理倾角深部巷道砂岩SHPB动态力 学破坏特性试验研究[J].岩石力学与工程学报,2020,39(6):1104-1116.

[157] 李娜娜,李建春,李海波,等.节理接触面对应力波传播影响的SHPB试验 研究[J].岩石力学与工程学报,2015,34(10):1994-2000.

[158] 李鹏,李洪超,杨阳.霍普金森撞击杆对入射波形影响的试验研究[J].云南 冶金,2020,49(3):125-130.

[159] VECCHIO K S,JIANG F C.Improved pulse shaping to achieve constant strain rate and stress equilibrium in split-Hopkinson pressure bar testing [J].Metallurgical and materials transactions A,2007,38A:2655-2665.

[160] XIA K,NASSERI M H B,MOHANTY B,et al.Effects of microstructures on dynamic compression of barre granite [J]. International journal of rock mechanics and mining sciences,2008,45(6):879-887.

[161] SONG B,CHEN W.Dynamic stress equilibration in split Hopkinson pressure bar tests on soft materials[J].Experimental mechanics,2004,44:300-312.

[162] 张磊,徐松林,施春英.应用杆束系统研究水泥砂浆节理面的压剪动特性 [J].实验力学,2016,31(2):175-185.

[163] 李森,乔兰,周明,等.节理粗糙度对应力波传播的影响研究[J].岩石力学 与工程学报,2019,38(S1):2840-2847.

[164] 任洁.高应力下复合煤岩的静态和动态力学性能及破坏特征[D].徐州:中 国矿业大学,2020.

[165] DAI F,HUANG S,XIA K W,et al.Some fundamental issues in dynamic compression and tension tests of rocks using split Hopkinson pressure bar[J].Rock mechanics and rock engineering,2010,43(6):657-666.

[166] ZHAO H.Material behaviour characterisation using SHPB techniques, tests and simulations [J]. Computers and structures, 2003, 81 (12):

1301-1310.

［167］张卓.静载作用下节理面接触面积对应力波衰减的影响［D］.淮南：安徽理工大学,2019.

［168］潘城.岩石动态力学特性及破裂机理的晶粒离散元研究［D］.南京：东南大学,2022.

［169］BARTON N,CHOUBEY V.The shear strength of rock joints in theory and practice［J］.Rock mechanics,1977,10:1-54.

［170］ZHAO J,CAI J G,ZHAO X B,et al.Dynamic model of fracture normal behaviour and application to prediction of stress wave attenuation across fractures［J］.Rock mechanics and rock engineering,2008,41(5):671-693.

［171］杜茂林,王福彦.医学统计学［M］.北京：人民军医出版社,2015.

［172］夏龙.Minitab 应用统计分析［M］.北京：中国工信出版集团,2020.

［173］徐勇勇.医学统计学［M］.3 版.北京：高等教育出版社,2014.

［174］MIRJALILI S,MIRJALILI S M,LEWIS A.Grey wolf optimizer［J］.Advances in engineering software,2014,69:46-61.

［175］钱鸣高,石平五,许家林.矿山压力与岩层控制［M］.徐州：中国矿业大学出版社,2010.

［176］刘长武,翟才旺.地层空间应力场的开采扰动与模拟［M］.郑州：黄河水利出版社,2005.

［177］王作棠,周华强,谢耀社.矿山岩体力学［M］.徐州：中国矿业大学出版社,2007.

［178］BAI J B,SHEN W L,GUO G L,et al.Roof deformation,failure characteristics,and preventive techniques of gob-side entry driving heading adjacent to the advancing working face［J］.Rock mechanics and rock engineering,2015,48:2447-2458.

［179］郭志飚,王琼,王昊昊,等.切顶成巷碎石帮泥岩碎胀特性及侧压力分析［J］.中国矿业大学学报,2018,47(5):987-994.

［180］杨军,张家宾,周帅,等.无煤柱自成巷采空区顶板碎胀系数测定方法［J］.煤矿安全,2020,51(4):142-146.

［181］汪北方,梁冰,王俊光,等.煤矿地下水库岩体碎胀特性试验研究［J］.岩土力学,2018,39(11):4086-4092,4101.

［182］梁冰,汪北方,姜利国,等.浅埋采空区垮落岩体碎胀特性研究［J］.中国矿业大学学报,2016,45(3):475-482.

［183］陈勇.沿空留巷围岩结构运动稳定机理与控制研究［D］.徐州：中国矿业大

学,2012.

[184] 孙晓明,刘鑫,梁广峰,等.薄煤层切顶卸压沿空留巷关键参数研究[J].岩石力学与工程学报,2014,33(7):1449-1456.

[185] 陈上元,赵菲,王洪建,等.深部切顶沿空成巷关键参数研究及工程应用[J].岩土力学,2019,40(1):332-342,350.

[186] 胡超文,王俊虎,何满潮,等.中厚煤层切顶卸压无煤柱自成巷技术关键参数研究[J].煤炭科学技术,2022,50(4):117-123.

[187] 郭志飚,王将,曹天培,等.薄煤层切顶卸压自动成巷关键参数研究[J].中国矿业大学学报,2016,45(5):879-885.

[188] 蔡峰.坚硬顶板切顶卸压无煤柱开采技术研究[J].矿业安全与环保,2017,44(5):1-5,9.

[189] 康继忠.煤柱下巷道的应力敏感性分区特征及响应机制[D].徐州:中国矿业大学,2016.

[190] 康红普,王金华.煤巷锚杆支护理论与成套技术[M].北京:煤炭工业出版社,2007.